鄂尔多斯
草原有害生物及昆虫图鉴

苏 秦 樊金富 折维俊◎主编

中国农业出版社
北京

编写人员

主　编：苏　秦　樊金富　折维俊
副主编：赵金锁　王瑞平　郁东慧　贾　莉
编　者：（按姓氏笔画为序）

千　浩　　马改转　　马崇勇　　王　莹　　王　霞

王光明　　王利清　　王爱清　　王瑞平　　毛玉乐

田彦军　　史　娜　　白小伟　　白媛媛　　边石强

吕　森　　伊风江　　刘　星　　刘　祥　　刘　磊

刘成海　　刘秀芬　　许胜利　　折维俊　　苏　秦

杜金辉　　李　伟　　李玉伟　　李秀梅　　杨烨茹

杨喜全　　吴丽敏　　张　娜　　张　勇　　张　敏

张永忠　　张权益　　张海东　　阿拉腾巴日斯

陈　亮　　陈晓琳　　邵莉钧　　武　慧　　呼斯毕力格

季彦华　　郁东慧　　单艳敏　　孟根其其格

赵云华　　赵远新　　赵金锁　　侯鑫狄　　姚靖波

秦瑞建　　袁　涛　　贾　莉　　徐林波　　郭志强

郭利军　　郭振瀚　　萨日娜　　曹　军　　朝乐孟图雅

靳玉荣　　满都日娃　　　　嘎如迪　　樊金富

额尼日图　　　　薛　栋

前 言
FOREWORD

　　鄂尔多斯，这片广袤而神奇的土地，以壮丽的草原风光、丰富的自然资源和独特的生态系统，成为大自然的瑰宝。草原作为鄂尔多斯生态系统的重要组成部分，不仅是美丽的自然景观，更是维系生态平衡、提供生态服务、承载当地人民生活与发展的重要物质基础。然而，人们在享受草原的宁静与美丽的同时，也面临着诸多挑战，其中草原有害生物便是不可忽视的问题。为了全面、准确地了解鄂尔多斯市草原有害生物的种类、分布、危害程度等情况，全市草原有害生物普查组于2022—2024年开展了草原有害生物普查工作，通过实地调查，采集大量的标本进行研究，结合历年的研究成果，精心编写了《鄂尔多斯草原有害生物及昆虫图鉴》。

　　正确识别种类及了解其生物学特性是有害生物监测和防治的基础，本书作为一本工具书，收录了鄂尔多斯市主要的草原有害生物及昆虫，包括害鼠5科8属10种、昆虫7目55科185种、毒害草10科15属19种和植物病害3目3属4种。为了使本书更具实用性和可读性，通过大量的彩色图片和翔实的文字展示了有害生物的形态特征、分布范围等信息，方便读者快速识别和了解，可为草原生态保护建设者和科研人士、自然爱好者等提供参考，也为鄂尔多斯生物多样性研究积累一些资料。

《鄂尔多斯草原有害生物及昆虫图鉴》的编写得到各级领导的高度重视和大力支持以及同行同仁的鼓励和热心帮助，在此，我们一并对所有为本书编写作出贡献的领导、专家和各界同仁表示衷心的感谢。

最后，由于编者水平有限，书中难免出现错误和疏漏之处，敬请广大读者批评指正。

目 录
CONTENTS

第二部分　草原昆虫

第三部分　草原毒害草

第四部分　草原病害

PART 1 | 第一部分

草原害鼠

一、松鼠科 Sciuridae

（一）黄鼠属 *Spermophilus*

1.达乌尔黄鼠 *Spermophilus dauricus* Brandt, 1844

别　　名：黄鼠、蒙古黄鼠、草原黄鼠、大眼贼。

形态特征：达乌尔黄鼠为中型地栖鼠类。成体体长180.0 ~ 210.0mm，头大，眼大而圆。耳壳较小，黄灰色，短小脊状。额部较宽。体背毛棕黄褐色，杂有黑褐色。腹部沙黄色，背毛基部灰黑色，尖端黑褐色。颈、腹部为灰白色。前足掌裸，后足遮被毛，遮垫不明显。前足爪较后足爪发达，爪黑色，爪尖黑黄色。四肢、足背面为沙黄色。头部毛比背毛深，两颊和颈侧腹毛之间有明显的界线。上、下唇部为白色，眼周围有1个白色圈。后肢外侧与背毛相同。尾背与背毛颜色相同，尾腹面橙黄色，尾短粗，尾端有不发达的毛束。夏季毛色较冬季毛色深，短于冬季毛。颅骨椭圆形。吻端略尖；眶上突基部前端有缺口，眼眶长而大；听泡长大于宽；颧骨粗大，后头部较宽。

分　　布：黑龙江、吉林、辽宁、河北、内蒙古等地。

二、跳鼠科 Dipodidae

（二）五趾跳鼠属 *Allactaga*

2. 五趾跳鼠 *Allactaga sibirica* (Forster, 1778)

别　　名：跳兔。

形态特征：体长超过130.0mm，是跳鼠中最大的一种。尾极长，约为后足长的3倍。前肢短，后肢长是前肢的3～4倍，适于跳跃。体背浅沙黄色，毛基灰色，黑色杂毛较少。耳基部有1个白斑。耳朵较大，折叠后可覆盖鼻端，耳内、外被浅黄色短毛。体侧颜色比背部浅。腹面、四肢内侧白色。足背被白色短毛。臀部两侧、后肢上部有白色横斑。尾土黄色，尾背面颜色较腹面深，尾末端为黑、白两色，中间为黑色宽带，后端形成白色尾穗，前端为白色圆环。后足5趾，第1趾比第5趾长。头骨宽大而隆起。鼻骨前、后等宽，顶间骨的宽约为长的1/2。颧骨较细，有一垂直分支到眼骨附近。眶下孔大而圆。门齿孔又宽又长，达第1臼齿前缘的连接线。听泡微微膨胀，2个听泡之间距离较远。

分　　布：黑龙江、吉林、辽宁、内蒙古、陕西、宁夏、青海、甘肃、新疆、河南、河北等地。

（三）三趾跳鼠属 *Dipus*

3.三趾跳鼠 *Dipus sagitta* (Pallas, 1773)

别　　名：毛脚跳鼠、沙鼠、跳兔、耶拉奔（蒙古语）。

形态特征：体型中等，比五趾跳鼠小，成体体长超过110.0mm，尾长超过体长。头大，眼大，耳较短，耳朵向前折不超过眼的前缘；门齿唇面黄色，有1条纵沟，牙露于口外。耳壳前方有1排栅栏状白色硬毛。前肢短小，5趾。后肢特别发达，3趾，拇趾和第5趾退化消失，趾下面具梳状硬毛，第2、第4趾的爪特别发达，侧扁，呈刀状。尾极长，末端有黑白相间的尾穗。背毛沙黄色，腹毛全部为纯白色。颅骨短而宽。鼻骨前端具1处缺刻，鼻骨与额骨相交处明显下凹。眶前孔很大。听泡发达，左、右听泡间有相当宽的空隙。

分　　布：黑龙江、吉林、辽宁、内蒙古、陕西、宁夏、青海、甘肃、新疆。

三、鼹形鼠科 Spalacidae

（四）凸颅鼢鼠属 *Eospalax*

4. 中华鼢鼠 *Eospalax fontanierii* (Milne-Edwards, 1867)

别　　名：原鼢鼠、瞎佬、瞎老鼠。

形态特征：体型较大，呈圆筒形。吻短钝。鼻垫呈卵圆形。眼小。耳极短，在被毛之下。尾长约为体长的1/4。被毛柔软。体毛黄褐色，毛基部深灰色，毛尖为铁锈红色。嘴周围白色。颏部、喉部灰色。头顶中央有1块明显的白斑。腹部颜色较背部毛色浅，毛尖锈红色。四足背面、尾均被白色稀疏的短毛。爪呈镰刀形。头骨宽大而扁平。颅骨较宽。鼻骨前宽后窄。后端与额骨之间有1条宽而浅的沟。眶上脊发达，向后延伸与颞脊相连。枕骨面从"人"字形脊逐渐向下弯曲，不与颅骨面垂直。听泡较小。门齿孔小，约一半被前颌骨包围。

分　　布：青海、甘肃、宁夏、陕西、山西、河北等地。

四、仓鼠科 Cricetidae

（五）仓鼠属 *Cricetulus*

5.黑线仓鼠 *Cricetulus barabensis* (Pallas, 1773)

别　　名：花背仓鼠、背纹仓鼠、大腮鼠、腮鼠、中华仓鼠。

形态特征：体型较小，肥壮。吻短钝。眼大，黑色。耳圆形，内、外侧均具棕黑色短毛，耳缘白色。体背被毛呈浅灰棕色或黄褐色，背部中央有1条黑色纵纹，其明显程度在各亚种间有区别。东北地区各亚种毛色比较深暗，背纹黑而宽；华北地区种群毛色略浅，背纹黑而较细；西部荒漠草原种群的毛色则较浅，背纹极不明显。胸部、腹部、四肢内侧与足背部的毛均为灰白色，与体背毛色界限明显。除足背面以外，毛基均为灰色。尾部背面黄褐色，腹面灰白色。头颅圆形；吻短；眶间区宽；顶间骨通常很低而扁，顶骨前外角尖长，顶骨后端朝内弯；听泡隆起；颧弓薄细，略向外凸出；鼻骨窄长，前部略膨大，后部较凹；无明显眶上脊。

分　　布：黑龙江、吉林、辽宁、河北、北京、内蒙古、天津、山东、河南、陕西、甘肃、宁夏等地。

6.长尾仓鼠 *Cricetulus longicaudatus* Milne-Edwards, 1867

别　　名：搬仓。

形态特征：与黑线仓鼠大小相似，但体背中央无黑褐色条纹。体型较小。耳较长；足掌裸露；尾较细长，一般为体长的1/3；吻两侧的口须基部白色。耳壳内、外侧均被黑色或黑褐色短毛，具银灰色狭边，耳尖处更为明显。体背部毛色变化较大，夏季体背毛尖褐灰色到灰色，并夹有黑色毛尖；毛基部灰色。颊部、喉部、腹部及四肢内侧毛尖白色，毛基深灰色，并显露于外。体侧有1条接近水平的清晰线条，使背毛和腹毛形成鲜明对照。尾双色，被短而密的毛，上部毛色与背面近似，下部白色。四足背面被白色短毛，后部具稀疏的白色短毛。幼体毛色灰暗。头骨扁平，无棱脊。吻窄长。额骨略隆起，后缘呈半圆形。顶间骨发达，呈半月形。颧弓较细，外突不明显。听泡较大。

分　　布：河北、北京、天津、河南、四川、陕西、山西、甘肃、内蒙古、宁夏、青海、西藏、新疆等地。

（六）毛足鼠属 *Phodopus*

7. 小毛足鼠 *Phodopus roborovskii* (Satunin, 1903)

别　　名：米仓、荒漠毛足鼠。

形态特征：体形小而扁平，体长不超过90.0mm。足、掌被白色密毛。具颊囊。眼大；耳大而圆；前足拇指处裸露；掌垫大而明显。尾极短，稍露于体毛之外。眼周围白色。耳的外侧前方灰色，耳后方灰白色，耳缘污白色。体背被毛灰褐色，背中央无黑色条纹。两颊、喉部、腹部、四肢和体侧下部白色。体背面、腹面毛色在体侧有明显的界线。前足、后足的背面和距部被毛白色；尾白色。头骨细小，脑颅圆形，无棱脊。吻部短，鼻骨较窄。眶间较宽。顶间骨几呈等边三角形。枕骨向后突出。颧弓较发达，大致与头骨平行。腭骨较宽。听泡小而低平。

分　　布：吉林、辽宁、内蒙古、陕西、山西、甘肃、青海、新疆等地。

（七）沙鼠属 *Meriones*

8.长爪沙鼠 *Meriones unguiculatus* (Milne-Edwards, 1867)

别　　名：长爪沙土鼠、黄耗子、黄尾巴耗子、白条子、沙土鼠。

形态特征：成年鼠体长100.0～130.0mm。尾长等于或略小于体长，为80.0～98.0mm，尾端有深褐色毛束。耳圆，明显可见，眼大。四足趾端具弯锥形锐爪，足掌被白色细毛。体背沙黄色，杂有黑色细毛，使其呈沙褐色。背毛毛基灰色，中间土黄色，毛尖稍带深褐色。体侧和颊部毛色较浅。腹毛污白色，毛基灰色。尾的背面与体背部毛色相同，有杂黑色的毛。尾腹面沙黄色。爪黑褐色。头骨轮廓较宽，呈弧形。鼻骨狭长。眶上脊不明显。听泡发达，2个听泡前端接近。门齿孔狭长，向后几乎与臼齿平齐。门齿黄色，上门齿唇面有1条纵沟。臼齿的咀嚼面平坦，有3个相通的菱形齿环。爪、腹毛颜色是与子午沙鼠的重要区别。

分　　布：新疆、西藏、青海、宁夏、陕西、山西、河北、内蒙古。

9.子午沙鼠 *Meriones meridianus* (Pallas, 1773)

别　　名：子午沙土鼠、黄尾巴耗子、黄耗子。

形态特征：体长105.0 ～ 150.0mm。体背沙黄色或沙黄色略带棕色，毛基部烟灰色，毛尖为姜黄色，中间鲜黄色，并杂有毛基部为灰色、毛尖为黑色的长毛。头部和背毛灰色明显。腹毛白色。尾部背、腹面均为沙黄色，末端有小毛束，杂有黑褐色长毛。爪基部浅褐色，尖部白色，呈半透明状。头骨比长爪沙鼠略宽，鼻骨较长，听泡发达，门齿孔狭长。门齿唇面黄色，上门齿唇面具1条纵沟。爪、腹毛颜色是与长爪沙鼠的重要区别。

分　　布：新疆、甘肃、青海、宁夏、陕西、山西、河北、内蒙古。

五、鼠科 Muridae

（八）小家鼠属 *Mus*

10. 小家鼠 *Mus musculus* Linnaeus, 1758

别　　名：小老鼠、小耗子。

形态特征：体型小。尾细长。耳圆。背毛棕黄色，毛基黑灰色，毛尖棕色。体侧与背部颜色相似。两颊颜色略浅。四肢内侧及腹毛灰白色，毛基灰色，毛尖白色。背毛和腹毛分界明显。四足背面白色。尾毛较短，腹面灰白色。头骨细长，脑颅平坦。颧弓较细，眶上脊不发达。顶骨较大。顶间骨宽大。听泡较小，隆起较低。门齿孔细长，其后缘基本达到第1上臼齿中部。下颌骨喙状突较小。上门齿2枚，齿面橘黄色，内侧有1处明显缺刻；上臼齿3枚，第1上臼齿最大，咀嚼面有3条横脊，第1、第2横脊向后倾，明显呈弯月形。

分　　布：黑龙江、吉林、辽宁、河北、北京、内蒙古、山东、湖北、湖南、广西、贵州、广东、江西、福建、四川、甘肃、山西、陕西、青海、西藏、新疆等地。

PART 2 | 第二部分

草原昆虫

一、直翅目 Orthoptera

（一）癞蝗科 Pamphagidae

1.突鼻蝗 *Rhinotmethis hummeli* Sjöstedt, 1933

形态特征：雄性体长22.0 ～ 25.8mm，雌性30.8 ～ 40.0mm；雄性前翅长10.0 ～ 12.6mm，雌性6.8 ～ 9.5mm；雄性后足股节长11.3 ～ 11.8mm，雌性14.0 ～ 15.4mm。体表甚粗糙。头顶较宽，侧观向前倾斜，具明显的颗粒状突起，缺中央纵隆线；颜面隆起在触角基部之间颇向前突出，与头顶几乎呈1条直线，鼻突的长度略大于复眼的横径；中单眼位于突鼻的下面，迎面观通常不可见。前胸背板后缘呈角状突出，近于直角形；中隆线的3个切口较深，呈齿状。前翅较发达，到达或几乎到达肛上板的后缘，但不到达腹部末端。体腹面灰白色，余为淡褐色至青灰色；后足股节内侧上、下2条隆线之间暗蓝色；内侧上缘淡色，下缘血红色；后足胫节内侧的基部和端部约1/5呈血红色，其余中间部分全部为青蓝色。

分　　布：内蒙古西部、陕西、宁夏、甘肃。

（二）斑腿蝗科 Catantopidae

2.短星翅蝗 *Calliptamus abbreviatus* Ikonnikov, 1913

形态特征：雄性体长12.9 ～ 21.1mm，雌性23.5 ～ 32.5mm；雄性前翅长7.8 ～ 13.8mm，雌性10.1 ～ 22.0mm；雄性后足股节长8.8 ～ 12.1mm，雌性14.3 ～ 18.5mm。前胸背板中隆线低，侧隆线明显，几乎平行，长达后缘；后横沟近位于中部，沟前区和沟后区几乎等长。前翅较短，不达后足股节顶端。后足股节粗短，上侧中隆线具细齿。体色褐色或黑褐色。前翅具许多黑色小斑点；后翅本色（个别个体红色）；后足胫节红色。

分　　布：内蒙古、黑龙江、辽宁、吉林、甘肃、河北、陕西、山西、山东、江苏、安徽、浙江、江西、四川、贵州、广东。

3.黑腿星翅蝗 *Calliptamus barbarus* (Costa, 1836)

形态特征：雄性体长13.7 ～ 22.0mm，雌性22.7 ～ 41.5mm；雄性前胸背板长3.8 ～ 5.1mm，雌性5.8 ～ 8.2mm；雄性前翅长11.5 ～ 18.7mm，雌性6.9 ～ 30.5mm；雄性后足股节长8.4 ～ 11.8mm，雌性13.0 ～ 21.8mm。前胸背板圆柱状，中隆线和侧隆线均明显；中隆线被3条横沟割断，后横沟位于中部。前翅接近或超过后足股节的顶端。体通常黄褐色或褐色，前翅具黑色斑点，后翅基部红色或玫瑰色，后足胫节内侧橙红色，具1个较大的卵形黑色斑块，内上侧具1 ～ 3个不完整的黑色斑纹，后足胫节橙红色或柠檬黄色。

分　　布：内蒙古、新疆、青海。

（三）斑翅蝗科 Oedipodidae

4.轮纹异痂蝗 *Bryodemella tuberculatum dilutum* (Stoll, 1813)

形态特征：雄性体长24.8～30.1mm，雌性36.2～38.0mm；雄性前翅长24.5～30.4mm，雌性27.6～31.9mm；雄性后足股节长13.6～14.8mm，雌性17.1～20.0mm。前胸背板中隆线明显，后横沟明显切断中隆线，沟后区长为沟前区长的2倍。前翅、后翅发达，接近后足胫节的顶端；后翅主要纵脉加粗。后足股节下膝侧片底缘几乎呈直线状。体暗褐色，前翅散布暗色斑点；后翅基部玫瑰色，第1臀叶基半部烟色，中部具烟色横纹，端部本色，透明；后足股节上侧具3个黑色斑纹，基部1个较弱；后足股节内侧及底侧黑色，近端部处具黄色斑纹；后足胫节污黄色，顶端暗色。

分　　布：内蒙古、黑龙江、吉林、辽宁、河北、山西、陕西、青海、新疆、山东。

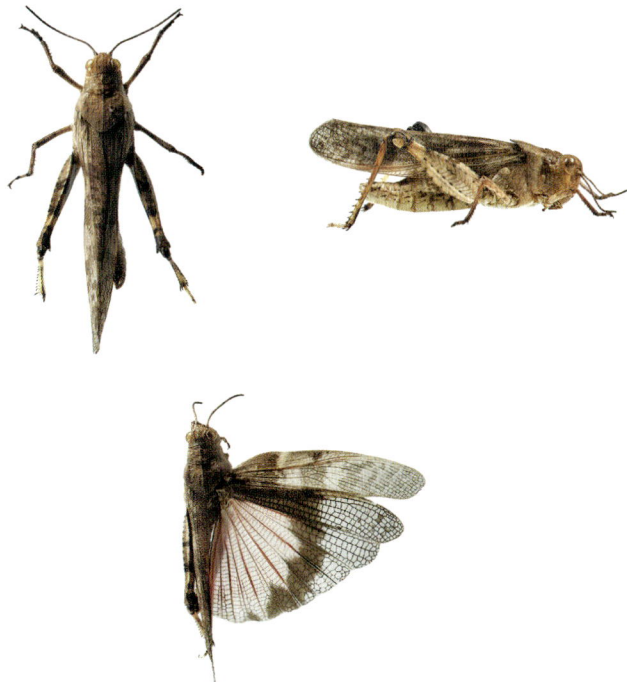

5.红翅皱膝蝗 *Angaracris rhodopa* Fischer-Walheim, 1846

形态特征：雄性体长23.0～29.0mm，雌性28.0～32.0mm；雄性前翅长29.0～31.0mm，雌性25.0～31.0mm；雄性后足股节长13.0～13.5mm，雌性14.0～16.5mm。头侧窝明显，三角形。前胸背板前端较狭，后部较宽；中隆线明显，被2条横沟切断；侧隆线在沟后区明显。前翅较长，常伸达后足胫节顶端；中闰脉粗而隆起，近于中脉。后翅略短于前翅，前缘呈"S"字形弯曲。后足胫节基部膨大部分背侧具平行细横隆线。体色浅绿色或黄褐色，上具细碎褐色斑点；前翅具密而细碎的褐色斑点；后翅基部玫瑰红色，透明，第2翅叶的第1纵脉粗，黑色，轭脉红色；后足股节外侧黄绿色，具不太明显的3个暗色横斑，内侧橙红色，具黑色斑2个；后足胫节橙红色或黄色。

分　　布：内蒙古、北京、黑龙江、河北、山西、陕西、宁夏、甘肃、青海。

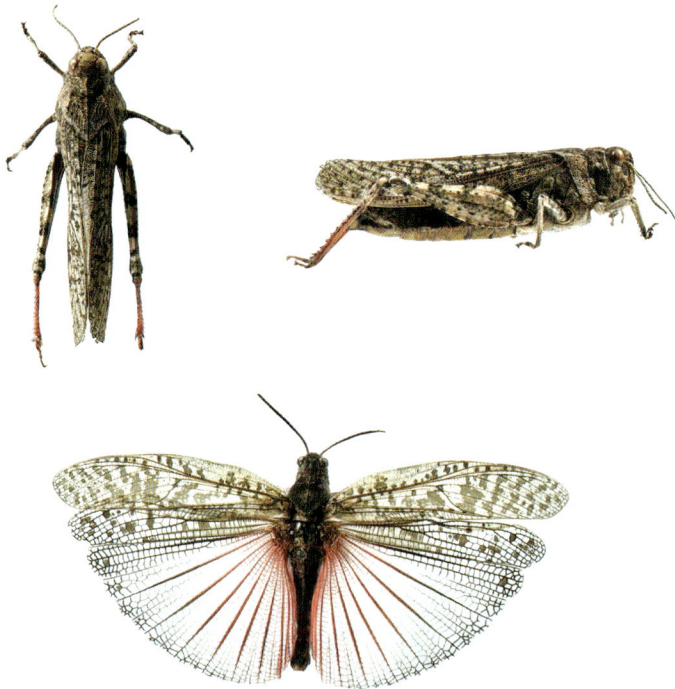

6. 草绿蝗 *Parapleurus alliaceus* Germar, 1817

形态特征：雄性体长 20.0 ～ 24.0mm，雌性 30.0 ～ 35.0mm；雄性前翅长 18.0 ～ 23.0mm，雌性 22.0 ～ 30.0mm；雄性后足股节长 10.5 ～ 13.5mm，雌性 16.5 ～ 18.0mm。头较短，较短于前胸背板。颜面侧观明显向后倾斜，与头顶组成锐角；雄性触角超过后足股节的基部，雌性仅超过前胸背板的后缘。前胸背板宽平，前缘平直，后缘呈圆弧形；中隆线较低，完整，仅被后横沟微微割断；无侧隆线；后横沟位于前胸背板的中部。体色通常为草绿色（干标本为黄褐色）；触角褐色；自复眼后缘至前胸背板后缘具明显的黑色纵条纹；前翅亚前缘脉域为草绿色，其余为褐色。

分　　布：内蒙古、黑龙江、新疆、河北、四川、湖南。

7. 大垫尖翅蝗 *Epacromius coerulipes* (Ivanov, 1887)

形态特征：雄性体长 13.7 ～ 15.6mm，雌性 20.0 ～ 24.7mm；雄性前翅长 13.1 ～ 16.5mm，雌性 17.5 ～ 26.4mm；雄性后足股节长 8.4 ～ 9.9mm，雌性 11.2 ～ 14.8mm。前翅发达，达后足胫节中部；后翅发达，略短于前翅。跗节爪间中垫较长，超过爪的中部。体暗褐色、褐色、黄褐色或黄绿色；前胸背板背面中央常具红褐色或暗褐色纵纹，有的个体背面具不明显的"X"字形纹；前翅具大小不等褐色、白色斑点；后翅本色透明；后足股节顶端黑褐色，上侧中隆线和内侧下隆线间具 3 个黑色横斑，中间的 1 个最大，基部的 1 个最小；后足胫节淡黄色，基部、中部和端部各具 1 个黑褐色环纹。

分　　布：内蒙古、黑龙江、吉林、辽宁、河北、山西、陕西、宁夏、甘肃、青海、新疆、山东、江苏、安徽、河南。

8.花胫绿蚊蝗 *Aiolopus tamulus* (Fabricius, 1798)

形态特征：雄性体长18.0～22.0mm，雌性25.0～29.0mm；雄性前翅长16.0～21.0mm，雌性22.0～27.0mm；雄性后足股节长10.0～14.3mm，雌性11.0～17.5mm。体褐色；前胸背板背面中央有1条黄褐色纵纹，两侧有2条褐色窄纵纹；前翅亚前缘近基部有1条鲜绿色或白色条纹；后足股节内侧有2个黑色斑纹，端部黑色；胫节基部1/3淡黄色，中部蓝黑色，端部1/3鲜红色。头略高于前胸背板；头顶顶端呈锐角三角形。前胸背板前窄后宽。前翅、后翅发达，超过后足股节端部。后足胫节内侧刺11个，外侧刺10个。

分　　布：内蒙古、河北、北京、辽宁、陕西、宁夏、甘肃、海南、台湾。

9.黄胫小车蝗 *Oedaleus infernalis* Saussure, 1884

形态特征：雄性体长20.5～25.5mm，雌性29.0～35.5mm；雄性前翅长19.0～23.0mm，雌性29.7～31.0mm；雄性后足股节长12.0～14.0mm，雌性17.0～20.0mm。体暗褐色或绿褐色，少数草绿色。前胸背板背面"X"字形纹在沟后区较宽于沟前区。前翅端部之半较透明，散布暗色斑纹，基部斑纹大而密。后翅基部淡黄色，中部暗色横带较狭，到达或接近后缘；顶端色暗，和中部暗色横带明显分开。雄性后足胫节红色，雌性黄褐色或淡红黄色，基部黑色，近基部内侧、外侧及下侧具1个略明显的淡色斑纹，在上侧常混杂红色，无明显分界。

分　　布：内蒙古、北京、黑龙江、吉林、河北、山西、陕西、宁夏、甘肃、青海、山东、江苏。

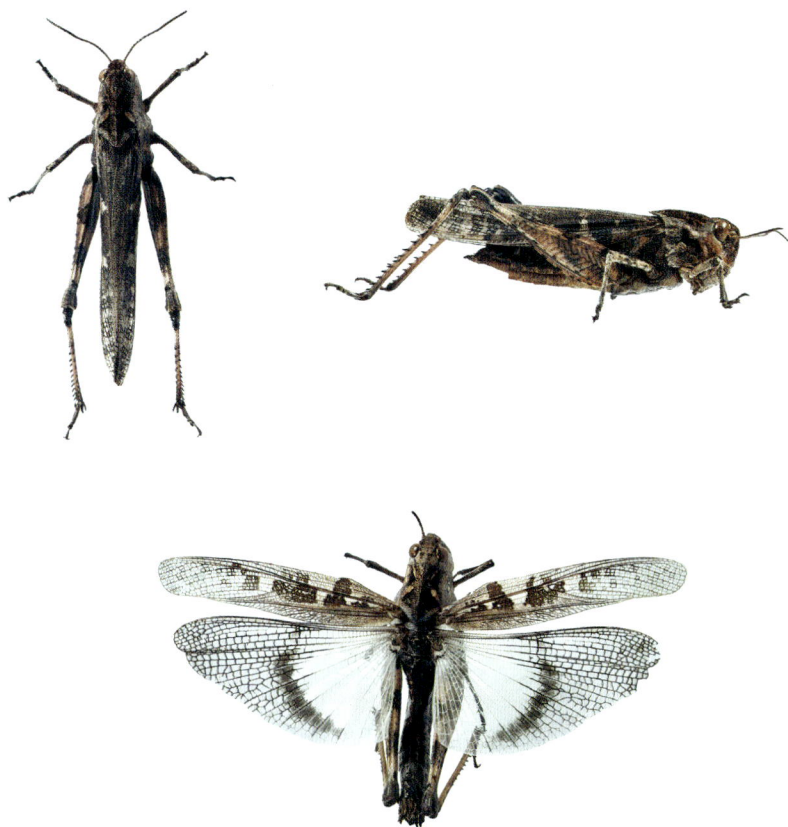

10.亚洲小车蝗 *Oedaleus decorus asiaticus* Bei-Bienko, 1941

形态特征：雄性体长18.5～22.5mm，雌性28.1～37.0mm；雄性前翅长19.5～24.0mm，雌性29.5～34.0mm；雄性后足股节长12.0～13.5mm，雌性17.0～19.5mm。体色常黄绿色，有些类型为暗褐色或颜面、前胸背板、前翅基部及后足股节处带绿色斑。前胸背板"X"字形淡色明显，在沟前区几等宽于沟后区。前翅基部半具大黑斑2～3个，端部半具细碎不明显的褐色斑。后翅基部淡黄绿色；中部具较狭的暗色横带，且在第1臀脉较狭处断裂，横带距翅外缘较远，远不到达后缘；端部有数块不明显的淡褐色斑块。后足胫节红色，基部淡黄褐色环不明显，背侧常混杂红色。

分　　布：内蒙古、河北、山西。

11. 大胫刺蝗 *Compsorhipis davidiana* (Saussure, 1888)

形态特征：雄性体长25.0～32.5mm，雌性33.0～40.0mm；雄性前胸背板长6.3～7.5mm，雌性8.2～9.4mm；雄性前翅长28.0～34.0mm，雌性30.0～40.0mm；雄性后足股节长12.0～14.0mm，雌性14.5～18.0mm。触角丝状，其长超过前胸背板后缘。前胸腹板在两前足基部分之间呈钝圆形隆起。体暗褐色、褐色或灰褐色。前翅具3个黑色横斑。后翅大部分为黑色轮纹，其宽度甚大于前翅之宽，基部玫瑰色，较小，与黑色轮纹的内缘无明显的分界，横脉黑色，近翅端为淡色。后足股节外侧具2个不明显的黑色横斑，内侧黑色，端部黄色；后足胫节外侧黄色或淡橘红色。

分　　布：内蒙古、河北、陕西、宁夏、甘肃、新疆。

（四）网翅蝗科 Arcypteridae

12.宽翅曲背蝗 *Pararcyptera microptera meridionalis* (Ikonnikov, 1911)

形态特征：雄性体长23.0 ～ 28.0mm，雌性35.0 ～ 39.0mm；雄性前翅长16.0 ～ 21.0mm，雌性17.0 ～ 22.0mm；雄性后足股节长15.0 ～ 17.0mm，雌性18.0 ～ 23.0mm。体黄褐色或黑褐色，头部背面有黑色"八"字形纹。前胸背板侧隆线呈黄白色"X"字形纹。前翅前缘脉域具较宽的黄白色纵纹。后足股节黄褐色，具3个暗色横斑。雄性后足股节底侧橙红色，内、外膝侧片黑色；雌性内、外下膝侧片黄白色。后足股节橙红色，近基部具淡色环。

分　　布：内蒙古、黑龙江、吉林、辽宁、河北、山西、陕西、甘肃、青海、山东。

13.白纹雏蝗 *Chorthippus albonemus* Cheng et Tu, 1964

形态特征：雄性体长11.0～13.5mm，雌性17.5～24.0mm；雄性前翅长6.4～10.0mm，雌性9.5～13.0mm；雄性后足股节长7.1～10.0mm，雌性10.6～14.0mm。前胸背板平坦，沟前区与沟后区几等长；前缘平直，后缘钝角形。前翅发达，顶端几到达腹部末端。体深褐色或草绿色；前胸背板具明显的黄白色"X"字形纹，沿侧隆线具黑色纵带纹；前翅中脉域具1列大黑斑；雄性中脉域最宽处略大于或等于肘脉域宽，雌性为肘脉域宽的1.20～1.75倍；雌性前缘脉域具白色纵纹。

分　　布：内蒙古、陕西、宁夏、甘肃、青海。

14. 华北雏蝗 *Chorthippus brunneus huabeiensis* Xia et Jin, 1982

形态特征： 雄性体长14.0 ～ 18.0mm，雌性20.0 ～ 25.0mm；雄性前翅长12.0 ～ 18.0mm，雌性16.0 ～ 21.0mm；雄性后足股节长10.0 ～ 14.0mm，雌性13.0 ～ 16.0mm。前胸背板侧隆线在沟前区明显呈角形弯曲，其沟后区的最宽处为沟前区最狭处的2.3倍；后横沟位于前胸背板中部之前，沟前区明显短于沟后区。前翅狭长，超过后足股节顶端。后翅与前翅等长。体褐色；前胸背板侧隆线处具黑色纵纹；前翅褐色，在翅顶1/3处具1个淡色纹；后翅透明，本色；后足股节内侧基部具黑色斜纹，膝部淡色；后足胫节黄褐色。

分　　布： 内蒙古、北京、河北、山西、陕西、宁夏、甘肃、青海、新疆、西藏。

15.狭翅雏蝗 *Chorthippus dubius* (Zubovsky, 1898)

形态特征：雄性体长10.7 ~ 11.7mm，雌性11.7 ~ 15.0mm；雄性前翅长6.8 ~ 8.0mm，雌性5.7 ~ 7.1mm；雄性后足股节长7.0 ~ 7.9mm，雌性7.5 ~ 9.8mm。前胸背板前缘平直，后缘钝角形突出；中隆线明显，侧隆线在沟前区呈钝角形凹入；后横沟位于背板中部。前翅较短，远不到达后足股节的顶端；雄性中脉域较宽，其最宽处为肘脉域宽的1.5 ~ 2.0倍，雌性中脉域最宽处略大于或等于肘脉域宽。中胸腹板侧叶间中隔最狭处略小于侧叶最狭处。体黑褐色或黄褐色；前胸背板侧隆线不具黄白色；前翅褐色，中脉域不具1列大黑斑；雌性前缘脉域亦不具白色纵纹。

分　　布：内蒙古、河北、山西、陕西、甘肃、青海、四川。

16. 素色异爪蝗 *Euchorthippus unicolor* (Ikonnikov, 1913)

形态特征：雄性体长13.1 ～ 17.0mm，雌性18.7 ～ 23.0mm；雄性前翅长6.8 ～ 9.7mm，雌性7.7 ～ 11.5mm；雄性后足股节长8.1 ～ 11.0mm，雌性11.6 ～ 14.0mm。头部短于前胸背板；头侧窝四角形，长为宽的2倍以上。前胸背板前缘较直，后缘圆弧形；中隆线低而明显，侧隆线在沟前区几乎平行，在沟后区略扩大；后横沟位于中部之后，沟前区长度大于沟后区的长度。前足内侧爪小于外侧爪，中足、后足内侧爪大于外侧爪。体黄绿色或褐绿色；前胸背板侧隆线外侧具不明显的暗色纵纹；前翅黄绿色或黄褐色；后足股节及胫节黄绿色或黄褐色，上膝侧片色较暗。

分　　布：内蒙古、宁夏、陕西、甘肃、河北、山西、黑龙江、吉林。

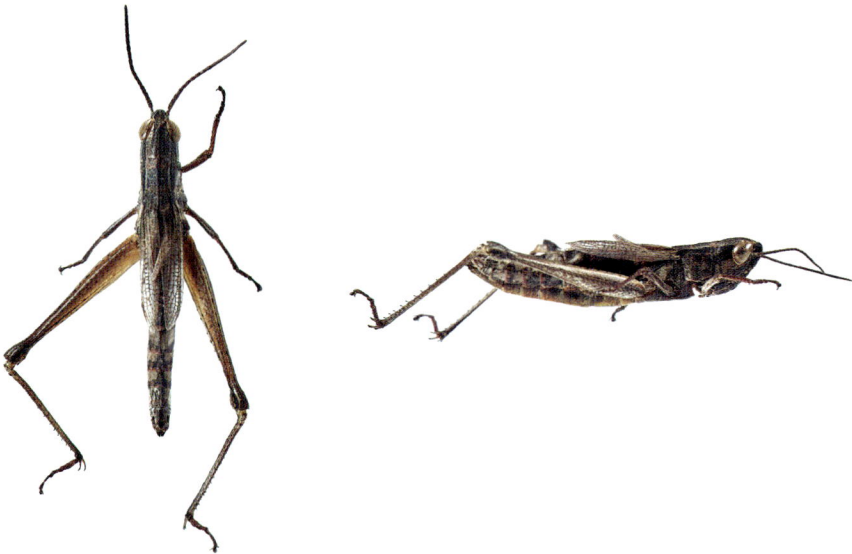

17.邱氏异爪蝗 *Euchorthippus cheui* Hsia, 1965

形态特征：雄性体长13.5 ～ 15.0mm，雌性19.5 ～ 23.0mm；雄性前翅长12.0 ～ 13.5mm，雌性15.5 ～ 16.5mm；雄性后足股节长9.0 ～ 11.0mm，雌性13.0 ～ 15.0mm。前胸背板前缘较平直，后缘弧形；中隆线、侧隆线均明显，侧隆线在沟前区平行，后横沟从背板中部穿过，沟前区的长度与沟后区相等。前翅狭长，超过后足股节的顶端，翅顶尖圆形。后翅与前翅等长。前足内侧爪小于外侧爪，中足、后足内侧爪大于外侧爪。雄性体灰褐色、暗褐色；前翅灰褐色、暗褐色或绿色。雌性体灰褐色，少数背部绿色；前翅缘前脉域到中脉域黑褐色，前缘脉域具1条白色纵纹；绿色个体除前翅缘前脉域及前缘脉域为黑褐色外，其余部分均为绿色，前翅前缘脉域亦具1条白色纵纹。

分　　布：内蒙古、陕西、宁夏、甘肃。

（五）槌角蝗科 Gomphoceridae

18. 毛足棒角蝗 *Dasyhippus barbipes* (Fischer von Waldheim, 1846)

形态特征：雄性体长13.4～19.0mm，雌性14.5～21.0mm；雄性前翅长9.4～13.0mm，雌性8.3～14.0mm；雄性后足股节长8.0～11.0mm，雌性9.0～11.0mm。头顶短，雄性顶端呈锐角形，雌性顶端近直角形。雄性触角顶端数节极膨大。前胸背板前缘较平直，后缘弧形；后横沟位于中部之后。体黄褐色，触角顶端膨大部分暗褐色；复眼后方向后沿前胸背板侧隆线下缘具黑色宽带纹；前翅前缘脉域基部具白色条纹；后足股节黄褐色，基部内侧具暗色斜纹；后足胫节黄褐色。

分　　布：内蒙古、黑龙江、河北、甘肃、青海。

（六）剑角蝗科 Acrididae

19.短翅直背蝗 *Euthystira brachyptera* (Ocskay, 1826)

形态特征：雄性体长13.5 ～ 17.0mm，雌性18.0 ～ 26.0mm；雄性前翅长5.5 ～ 7.0mm，雌性3.0 ～ 4.0mm；雄性后足股节长9.8 ～ 11.2mm，雌性11.7 ～ 13.0mm。体暗绿褐色或黄绿褐色；头顶、后头和前胸背板的前半部颜色较深；前翅基部黄褐色，中部和端部黄色，透明。缺头侧窝；颜面侧观向后倾斜，与头顶呈锐角形；复眼卵圆形；触角剑状，长为头与前胸背板之和的1.15（雌）～ 1.60倍（雄）。前胸背板前缘、后缘较平直；侧隆线明显且近平行。雄性前翅较长，超过第5腹节的后缘，达后足股节中部，背部毗连；雌性前翅短小，鳞片状，侧置，仅达第2腹节背板的中部。后翅很小，呈翅芽状。后足跗节第1节明显长于第3节。

分　　布：内蒙古。

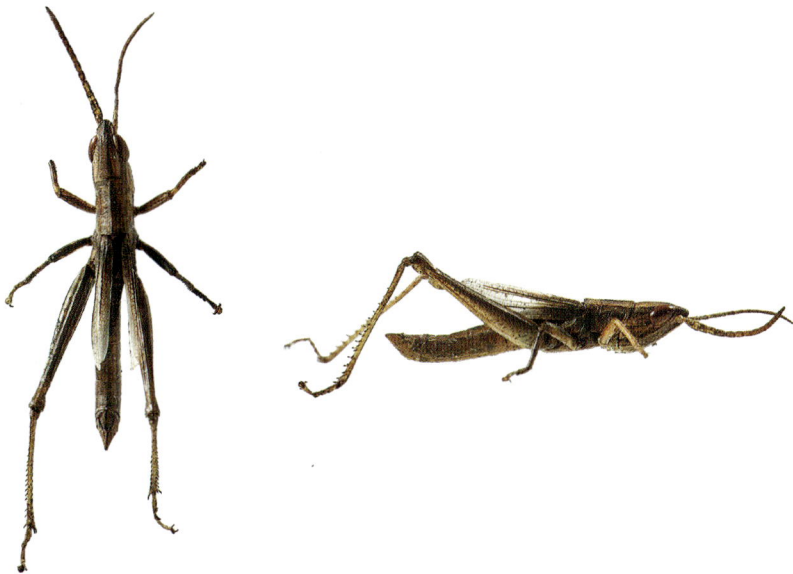

20.中华剑角蝗 *Acrida cinerea* (Thunberg, 1815)

形态特征：雄性体长30.0 ～ 47.0mm，前翅长25.0 ～ 36.0mm，后足股节长20.0 ～ 22.0mm；雌性体长58.0 ～ 81.0mm，前翅长47.0 ～ 65.0mm，后足股节长40.0 ～ 43.0mm。头圆锥形，颜面极倾斜，颜面隆起极狭，全长具纵沟。触角剑状。鼓膜片内缘直，角圆形。体绿色或褐色，绿色个体的复眼后、前胸背板侧面上部、前翅肘脉域具淡红色纵条纹；褐色个体前翅中脉域具黑色纵条纹，中闰脉处具1列淡色短条纹。后翅淡绿色。后足股节和胫节绿色或褐色。

分　　布：内蒙古、北京、河北、山西、陕西、宁夏、甘肃、山东、江苏、安徽、浙江、福建、湖北、湖南、江西、广东、云南、贵州、四川。

21.弯尾剑角蝗 *Acrida incallida* Mistshenko, 1951

形态特征：雄性体长34.0 ～ 37.0mm，雌性52.0 ～ 72.0mm；雄性前翅长27.0 ～ 33.0mm，雌性42.0 ～ 53.0mm；雄性后足股节长约22.0mm，雌性约38.0mm。体绿色或枯草色。鼓膜片内缘直，角呈锐角形。雄性中胸腹板侧叶间中隔较宽，其宽不及长的2.1倍；下生殖板向上弯，上缘极凹陷。雌性中胸腹板侧叶间中隔较狭，其宽等于长；下生殖板后缘具3个突起，中突与侧突几等长。

分　　布：内蒙古、陕西、宁夏。

（七）蜙科 Tetrigidae

22.长翅长背蜙 *Paratettix uvarovi* Semenov, 1915

形态特征：体长12.0 ～ 13.0mm。触角丝状，14节，位于复眼下缘之间。头顶背面观狭于眼宽，颜面隆起略倾斜，在触角之间呈弧形突出。前胸背板侧板后缘具2处凹陷，后角顶圆形朝下，背面较平坦，前缘截直，末端超过后足股节顶端，沟前区的宽仅大于长。后足跗节第1节长于第3节，第1节下缘的第3垫长于第1、第2垫。

分　　布：内蒙古、宁夏、新疆。

（八）螽斯科 Tettigoniidae

23. 阿拉善懒螽 *Zichya alashanica* Bey-Bienko, 1951

形态特征：雄性体长27.0～29.5mm，雌性约38.0mm；产卵器长31.5mm。体色黄绿色或黄褐色。触角窝腹缘低于复眼腹缘，雄性复眼极突出，呈半球形。前胸背板前缘弧形，具1列锥形尖刺，沟前区侧缘具斜向上方并向外突出的粗锐刺；前胸背板沟后区近外侧各具1个大而圆的黑色凹窝；前胸背板后侧角圆弧形，后缘具1列尖锐的刺，在后中部具2个长卵圆形的黑瘤。前翅极小，为前胸背板所覆盖。前足、中足、后足股节下侧均具细刺。

分　　布：内蒙古鄂尔多斯市、阿拉善盟。

雌

雄

24.阿拉善蒙螽 *Mongolodectes alashanicus* Bey-Bienko, 1951

形态特征：雄性体长27.0 ~ 32.0mm，雌性29.0 ~ 32.0mm；雄性前胸背板长8.0 ~ 9.0mm，雌性8.0 ~ 9.0mm；雄性后足股节长16.0 ~ 19.0mm，雌性19.0 ~ 21.0mm；产卵瓣长20.0 ~ 24.0mm。体青灰色；前胸背板褐色，背面中央具1条暗褐色纵带；前翅沿中域具较明显的黄白色纵带。头侧缘几乎平行。前胸背板背面较平坦，无侧隆线，有横沟3条，中横沟位于中部之后；侧板下缘平直，后缘无凹口。前翅略超过腹部中央，端部圆形，后翅退化。下生殖板后缘具浅凹口。产卵瓣稍短于后足股节，端部略下弯。

分　　布：内蒙古、甘肃、宁夏。

25.暗褐蝈螽远东亚种 *Gampsocleis sedakovii obscura* (Walker, 1869)

形态特征：体长35.0 ~ 40.0mm，体形粗壮。体色通常为草绿色或褐绿色。头大，前胸背板宽大，似马鞍形，侧板下缘和后缘无白色镶边。前翅较长，超过腹端，翅端狭圆，翅面具草绿色条纹并布满褐色斑点，呈花翅状。

分　　布：内蒙古、青海、山西、河南、河北、湖北、吉林、辽宁、山东、四川。

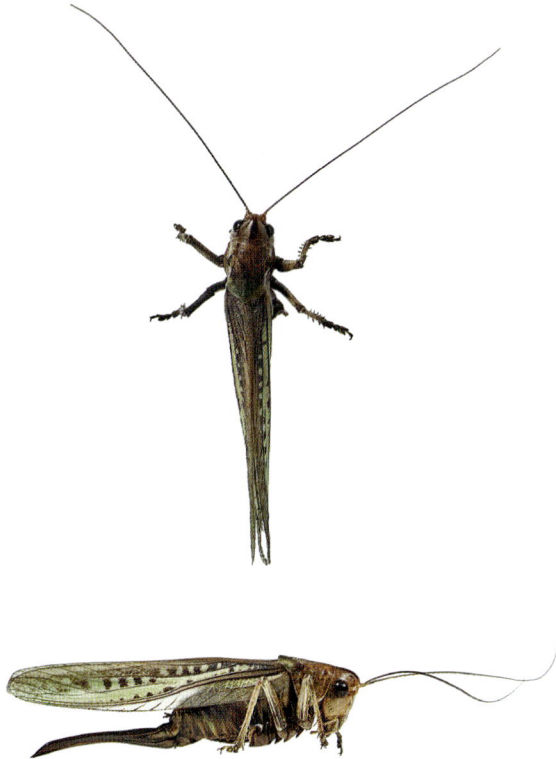

26.汤氏灰翅螽 *Platycleis tomini* (Pylnov, 1916)

形态特征：雄性体长约18.0mm，雌性约23.0mm，至产卵器约32.0mm；雄性后足股节长约16.5mm，雌性约22.0mm。体以灰色为主，翼镜面灰色。前胸背板中央纵向有1条深褐色菱形斑纹，侧板深褐色，边缘黄色。腹部上面深灰色，边缘色淡；腹部侧面褐色，下部灰白色。尾须较直，中部向内具刺，显现于肛上板下。体色绿色型前胸背板的背面绿色，其他同体色褐色型。产卵器灰色，上部边缘暗色，马刀状，向上弯曲。

分　　布：内蒙古鄂尔多斯市、额尔古纳市、通辽市、赤峰市。

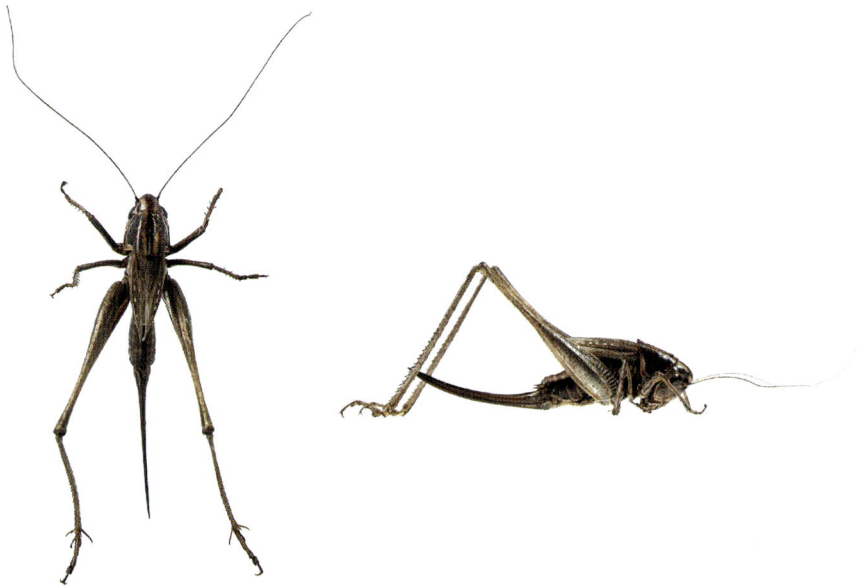

（九）蟋蟀科 Gryllidae

27.银川油葫芦 *Teleogryllus infernalis* (Saussure, 1877)

形态特征：雄性体长13.0 ~ 20.0mm，雌性15.0 ~ 20.0mm。体黑褐色。头部在复眼内侧缘缺淡色眉状纹，仅在单眼处具1个较小的黄斑；复眼间缺宽的褐色横带，单眼排列成1条线，中单眼横卵形，宽扁；侧单眼斜卵形。前胸背板几乎单色，具绒毛。前足胫节内侧听器具鼓膜；后足股节较粗，胫节具背距。产卵瓣较长，矛状。

分　　布：内蒙古、宁夏、甘肃、青海、河北、河南、北京、山西、黑龙江、吉林、辽宁。

二、蜚蠊目 Blattaria

（十）地鳖蠊科 Polyphagidae

28.中华真地鳖 *Eupolyphaga sinensis* (Walker, 1868)

形态特征：两性异形，雄性有翅，雌性无翅。体长28.0 ～ 29.0mm。雄性体褐色至黑褐色。前胸背板横椭圆形，前缘具明显的浅褐色带；中胸和后胸背板深褐色，暴露在前翅外的中央三角区黑色。

分　　布：内蒙古、北京、甘肃、宁夏、辽宁、河北、山西、山东、江苏、上海、安徽、湖北、湖南、四川、贵州。

雄成虫

三、革翅目 Dermaptera

（十一）蠼螋科 Labiduridae

29.溪岸蠼螋 *Labidura riparia* (**Pallas, 1773**)

形态特征：雄性体长18.0 ～ 21.0mm，雌性16.0 ～ 21.0mm；雄性尾铗长6.0 ～ 7.0mm，雌性5.0 ～ 6.0mm。体褐黄色；触角浅黄色；鞘翅褐色；腹面颜色较浅，通常带褐红色。头部宽大；冠缝明显；复眼较小；触角25 ～ 36节。前胸背板侧缘平行，后缘弧形，背面中沟明显。前翅长于前胸背板，侧缘基半部具隆线；后翅短于或长于前翅。足较长，后足股节长于前胸背板。腹部从基部向端部渐扩宽；尾铗基部远离，内缘常具粗齿；雌性尾铗较直且尖。

分　　布：内蒙古、河北、陕西、甘肃、新疆、江苏、浙江、福建、湖北、湖南、广东、海南、四川、贵州、云南。

四、半翅目 Hemiptera

（十二）叶蝉科 Cicadellidae

30. 大青叶蝉 *Cicadella viridis* (Linnaeus, 1758)

形态特征：体长7.2～10.1mm。全体青绿色。头部颜面淡褐色，后唇基每侧具1组弯曲的黄色横纹；颊区在近唇基缝处及触角窝上方各有黑斑1块；冠部淡黄色，前部左、右各有1组淡褐色弯曲横纹，近后缘处有1对不规则的多边形黑斑。前胸背板淡黄绿色，后半部深青绿色。小盾板淡黄绿色。前翅绿色，带有青蓝色泽，前缘淡白色，端部透明，翅脉青黄色，具狭窄的淡黑色边缘。后翅烟黑色，半透明。腹部背面蓝黑色，其两侧及末节色淡，为橙黄色，带有烟黑色；胸、腹部的腹面均为橙黄色。足黄色，后足胫节刺列的刺基部黑色。

分　　布：内蒙古、黑龙江、吉林、辽宁、河北、山西、陕西、青海、新疆、山东、江苏、安徽、浙江、福建、河南、湖北、湖南。

31. 双斑掌叶蝉 *Handianus* (*Usuironus*) *limbifer* (**Matsumura, 1902**)

形态特征：雄性体连翅长5.0～5.1mm，雌性5.7～6.5mm。体黄褐色。头冠黄色；复眼黑褐色；单眼无色透明，两侧紧靠单、复眼处各有1个大黑斑；颜面黄色；额唇基缘有1对大黑斑，中部有1对"八"字形黑斑，两侧褐色肌痕明显；前唇基端部褐色。前胸背板基半部褐色。前翅黄褐色，翅前缘和翅脉淡黄色。部分雌性头冠中域有1对大黑斑，前有1对小黑斑，前翅棕褐色。

分　　布：内蒙古、黑龙江、吉林、宁夏、甘肃、陕西、河南。

（十三）角蝉科 Membracidae

32.黑圆角蝉 *Gargara genistae* (Fabricius, 1775)

形态特征：雄性体长3.9～5.0mm，雌性4.6～5.5mm。体黑色、赤褐色或黄褐色，密生刻点和黄细毛。前胸圆形鼓起，后角尖，末端超过前翅中部。前翅透明，无色或有不规则浅黄色晕斑，长度不超过腹部末端；基部1/6革质，黄褐色至黑色，有刻点和细毛；翅脉浅黄褐色；端膜宽。后翅无色透明，有辐射状皱纹，翅脉浅黄褐色。

分　　布：内蒙古、山西、陕西、宁夏、山东、江苏、浙江、四川。

（十四）象蜡蝉科 Dictyopharidae

33.东北象蜡蝉 *Dictyophara nekkana* Matsumura, 1940

形态特征：体长约12.0mm，翅展20.0mm，头突约3.0mm。体淡绿色。头突锥状，长约等于前胸背板与中胸背板之和；额有纵脊3条；喙细长，淡绿色，喙端黑色，伸达后足基节；复眼与单眼黄褐色。前胸背板前缘凸，较平直，后缘弧形凹。前胸背板与中胸背板中央具3条铜绿色纵脊，中间1条直，其余2条微向外弯曲。腹部淡绿色。2对翅均透明，绿色。足细长，淡黄绿色，前足基节淡黑色，股节和胫节有黑褐色纵条纹；后足胫节外侧有小刺5个。

分　　布：内蒙古、北京、天津、河北、辽宁、山西、甘肃、陕西、黑龙江、山东、青海。

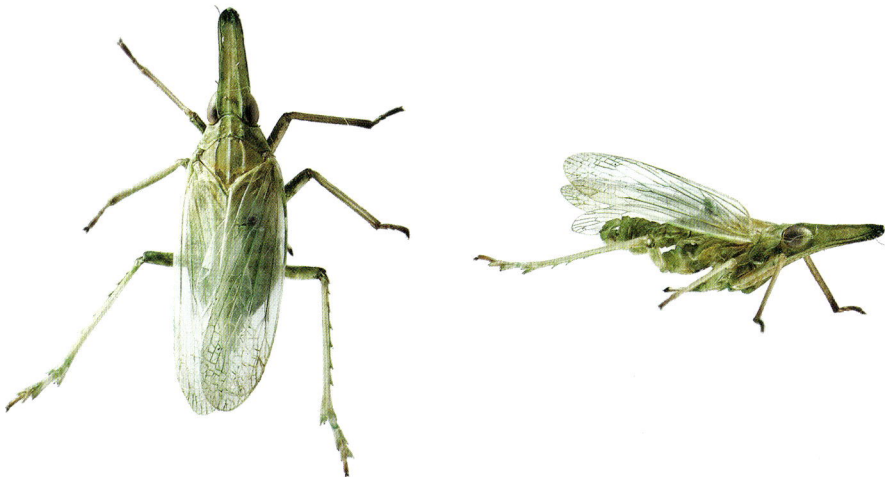

（十五）盲蝽科 Miridae

34.三点苜蓿盲蝽 *Adelphocoris fasciaticollis* Reuter, 1903

形态特征：体长6.3～8.5mm，宽2.3～3.0mm。体长椭圆形，底色淡黄褐色至黄褐色。头有光泽，淡褐色；触角紫褐色，略短于或等于体长。前胸背板光泽强，胝区黑色，呈横列大黑斑状；盘域后半具宽黑横带，有时断续成2条横带，或2条横带与两侧端的2个黑斑。小盾片淡黄至黄褐色。爪片一色，黑褐色或外半黄褐色；革片及缘片同底色，后部2/3中央的纵走三角形大斑黑褐色；楔片黄白色；膜片淡烟黑褐色。足淡污褐色，股节深色点斑较细碎。

分　　布：内蒙古、北京、天津、黑龙江、吉林、河北、山西、陕西、山东。

35.污苜蓿盲蝽 *Adelphocoris luridus* Reuter, 1906

形态特征：体长6.8～8.4mm，宽2.2～3.4mm。体长椭圆形，体形相对较小，一色，淡棕红色至污锈褐色。头红褐色至棕褐色；唇基一色，端部不加深。前胸背板一色。小盾片平，相对较宽，一色，或具色略淡的隐约中纵带。爪片一色，接合缘狭细地橙褐色。革片一色，或革片内半色较深，革片外半与缘片淡黄褐色。楔片淡黄褐色。后足股节多为红褐色或锈褐色且具细碎小红斑。胫节污黄褐色。

分　　布：内蒙古、陕西、甘肃、四川、云南。

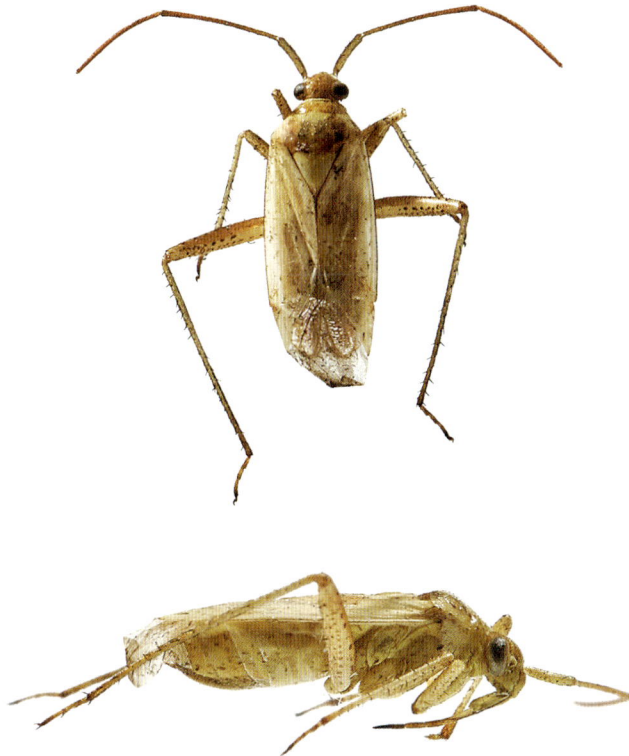

36.斯氏后丽盲蝽 *Apolygus spinolae* (Meyer-Dür, 1841)

形态特征：体长4.2～6.0mm，宽2.0～2.9mm。体椭圆形，单一绿色，干标本淡黄褐色，有光泽。前胸背板一色；侧缘（前端除外）直，后缘中段直；盘域刻点清楚，密度中等。小盾片一色，具横皱。爪片与革片一色，刻点密。楔片最末端深色，淡黑褐色至黑褐色。膜片透明、色浅，散布少量淡褐色斑。足黄绿色；后足股节端部有2个褐色环；胫节刺黑色。

分　　布：内蒙古、北京、天津、黑龙江、宁夏、浙江、河南、广东、四川、云南、陕西、甘肃。

（十六）长蝽科 Lygaeidae

37.斑腹直缘长蝽 *Ortholomus punctipennis* (Herrich-Schaeffer, 1850)

形态特征：体长4.70 ~ 5.50mm；头长约0.98mm，宽约1.43mm；前胸背板长约1.14mm，宽约1.77mm；小盾片长约0.83mm，宽约1.00mm。头污黄褐色，头顶中线两侧具黑褐色宽纵带；触角第1节黑褐色，其余污黄褐色，第4节端部渐深。前胸背板淡污黄褐色，具灰色色泽，胝黑褐色。雌性爪片及革片底色淡污黄色；雄性淡灰黑色。雌性膜片白色，脉隆出，清楚，脉间有一些不规则黑褐斑；雄性膜片淡黑褐色至黑褐色，脉淡色。雄性侧接缘外露，污黄色，各节中部外方有黑斑；雌性则否。足污黄色，股节具黑色大点斑，常毗连。

分　　布：内蒙古、河北、新疆。

38.横带红长蝽 *Lygaeus equestris* (Linnaeus, 1758)

形态特征：体长 12.5 ~ 14.0mm。体红色，具黑斑。头三角形，前端、后缘、下方及复眼黑色。触角 4 节，黑色，第 1 节短粗，第 2 节最长，第 4 节略短于第 3 节。喙黑色，伸过中足基节。前胸背板梯形，前缘弯，后缘直，后缘常有 1 个双驼峰形黑纹。小盾片三角形，黑色。前翅朱红色，革片近中部有 1 条不规则的黑横带；爪片中部有 1 个圆形黑斑；膜片黑褐色，超过腹部末端，基部具不规则的白色横纹，中央有 1 个圆形白斑。

分　　布：内蒙古、辽宁、甘肃、山东、云南、江苏。

（十七）地长蝽科 Rhyparochromidae

39.阿拉善叶缘长蝽 *Emblethis alashansis* Li & Nonnaizab, 2003

形态特征：体长椭圆形。体长约4.45mm；前胸背板长约0.90mm，前缘宽约1.05mm，后缘宽约1.70mm。头橙褐色，具红褐色刻点；喙褐色，伸达前足基节后缘。前胸背板横宽，两侧几乎平行；前角向前伸出；前叶淡橙色，领及后叶淡污黄色。小盾片与前胸背板同色，侧角内侧有2个小的红褐色斑。后足第1跗节长约为第2、第3跗节之和的1.5倍。腹部侧接缘不外露，黄褐色，各节中央有1个黑斑。腹部下方红褐色，各节腹板后缘黑色。

分　　布：内蒙古西部地区。

（十八）盾蝽科 Scutelleridae

40.灰盾蝽 *Odontoscelis fuliginosa* (Linnaeus, 1761)

形态特征：体长6.0～7.0mm，宽约4.0mm。体灰黑色，无光泽，宽椭圆形，被短而密的毛。头部横宽，边缘呈圆弧形。前胸背板前缘明显宽于头部（包括复眼）；前角前伸，超过眼的前缘；前胸背板前缘至体末端有白色细纵中线贯穿全长。小盾片两侧各有1条白色纵纹，其后端内方有短的黑色纵斑。

分　　布：内蒙古、北京、河北。

41.皱盾蝽 *Phimodera fumosa* Fieber, 1863

形态特征：体长5.2～6.0mm，宽3.3～3.5mm。体椭圆形，黄褐色或灰黄色，布不规则灰黑色斑纹及浅色短毛。头宽为长的1.6倍，窄于前胸背板前缘；前端下倾，中叶上鼓，其基部显著下凹，中叶长于侧叶；触角5节，第3、第4、第5节黑色，第1、第2节黄褐色，具稀短毛。前胸背板宽约3.3mm，长约1.9mm；中部具横沟；后半端平，上鼓，前半端高低不平；胝区内侧具1个"V"字形隆起；前缘直；前侧缘扁薄，前角呈直角，后半端外弓。小盾片大，达腹部末端，基部具1条白色纵纹；基部宽约2.1mm，中部最宽处约3.0mm。

分　　布：内蒙古、河北、山西。

（十九）蝽科 Pentatomidae

42.西北麦蝽 *Aelia sibirica* Reuter, 1884

形态特征：体长8.5 ～ 10.0mm，宽4.0 ～ 5.0mm。体梭形，前端略狭，淡黄色至污黄褐色，自前端经前胸背板至小盾片末端有1条黄白色纵中线及梭形黑色纵纹。头长三角形，前端向下倾斜，侧叶长于中叶，并于中叶前方相合，但末端稍分离，侧叶侧缘黑色。小盾片长，末端钝圆，纵中线和黑带基部最宽，端部细。翅革片具黑刻点；膜片白色，具1条黑色细纵纹。

分　　布：内蒙古、山西、宁夏、新疆。

43.欧亚蝎蝽 *Arma custos*（Fabricius, 1974）

形态特征：体长11.5 ～ 14.5mm。体黄褐色。触角5节，第3节中间大部分黑褐色，有时其他节也具黑褐色区域。前胸背板前侧缘常具很窄的浅色边，其内侧具黑色刻点，侧角短而钝。捕食性，成虫和若虫可捕食鳞翅目、鞘翅目等昆虫，有时猎物的体重是自己的许多倍。

分　　布：内蒙古、北京、陕西、甘肃、新疆、黑龙江、吉林、辽宁、河北、山西、河南、山东、江苏、浙江、江西、湖北、湖南、四川、贵州、云南。

44. 朝鲜果蝽 *Carpocoris coreanus* **Distant, 1899**

形态特征：体长 12.5 ~ 14.5mm，宽 7.0 ~ 8.0mm。体宽椭圆形。背面淡黄褐色，前翅革片略带枣红色，大部分刻点与底同色；头和前胸背板前半常有4条黑色刻点带。触角第1节黄褐色，背面具1条黑色纵线，第2 ~ 5节全部黑色，第1节不伸达头末端，第2节明显长于第3节。喙伸达后足基节前缘，第1节末端超过小颊外缘。前胸背板前侧缘边缘呈狭边状，前半较直，后半略内凹且扁薄上翘；侧角角状，明显伸出体外，角体端部和后缘宽阔处黑色。

分　　布：内蒙古、陕西、甘肃、青海、新疆。

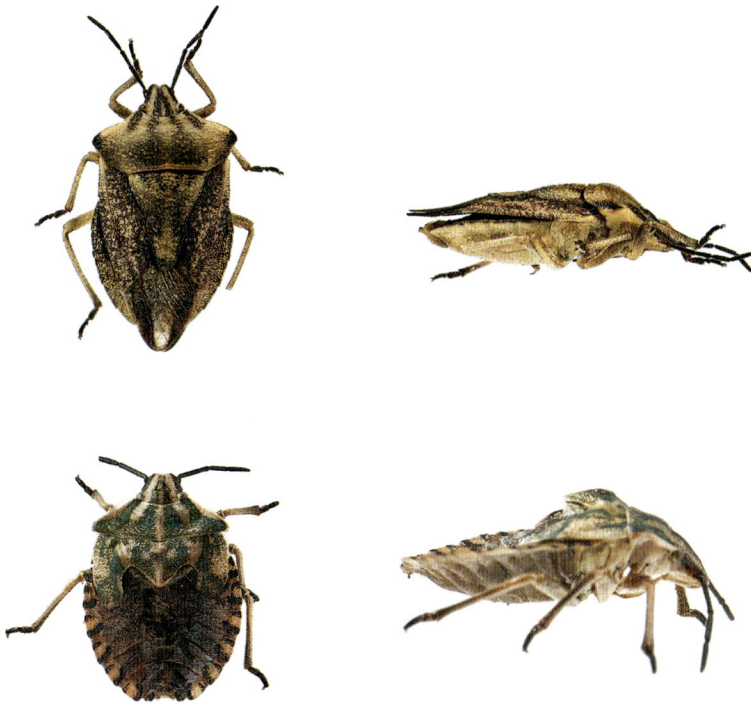

45. 邻实蝽 *Antheminia lindbergi* (Tamanini, 1962)

形态特征：体长7.5 ~ 9.0mm，宽4.5 ~ 5.5mm。体椭圆形。体背面淡黄绿色，密布无色刻点；前胸背板侧角内侧和前翅革片紫褐色；体腹面淡黄色，刻点无色。头侧缘和前胸背板前角处各具1条黑色条带。侧接缘一色。触角第2节基部或基部大半黄褐色，端部黑色，第3节全黑色或两端黑色、中央黄褐色。中胸腹板具低矮的中央纵脊。足淡黄褐色，胫节端部和跗节淡红褐色，胫节两侧具若干隆起的黑色斑点。

分　　布：内蒙古、山西、陕西、甘肃、青海。

46.实蝽长叶亚种 *Antheminia pusio longiceps* (Reuter, 1884)

形态特征：体长9.0 ～ 11.5mm，宽5.0 ～ 6.0mm。体背黄褐色，前翅革片的淡红褐色不显著；体腹面淡黄褐色，密集无色刻点。头侧缘波曲状，边缘具整齐的黑色条带，头顶中央具2条由细小黑色刻点组成的纵带。喙伸达后足基节前缘，第1节端部略超过小颊后角。前胸背板宽大于长，背面均匀圆隆，绝大部分刻点无色，前侧缘前半内侧各具1条由密集黑色刻点组成的条带，前缘中央弧形深内凹。侧接缘前角、后角处具小黑斑，有的个体黑斑弱化至消失。

分　　布：内蒙古、河北、山西、辽宁、吉林、陕西、新疆。

47.苍蝽 *Brachynema germarii* (Kolenati, 1846)

形态特征：体长11.0～12.5mm，宽5.0～6.0mm。体长椭圆形。背面苍绿色，体侧具白边，刻点细密并与底同色；体腹面淡绿色。前翅革片两侧相互平行。触角第1节到第3节基半暗绿色，其余黑褐色，第2节显著长于第3节。喙伸达后足基节前缘，第1节端部略伸出小颊外。小盾片三角形，端部狭长且细，具白斑。

分　　布：内蒙古、北京。

48.赤条蝽 *Graphosoma rubrolineatum* (Westwood, 1837)

形态特征：体长9.5 ~ 10.5mm，宽6.8 ~ 7.5mm。体宽卵圆形，橙红色或红色，具黑色纵纹，前端下倾，中部上鼓。头三角形，有2条黑色纵纹，前半端具横皱纹，后端布刻点。前胸背板长约2.8mm，宽约7.0mm，具6条黑色纵纹，前缘凹，后缘直，胝区光滑。小盾片大，基部宽约5.8mm，长约6.1mm，具4条黑色纵纹。

分　　布：内蒙古、黑龙江、辽宁、河北、山西、陕西、甘肃、新疆、山东、江苏、浙江、河南、湖北、江西、广东、广西、贵州、四川。

49.横纹菜蝽 *Eurydema gebleri* Kolenati, 1846

形态特征：体长6.5～8.0mm，宽3.5～4.3mm。体长椭圆形，黑色，具蓝绿色金属光泽。前胸背板中央具6个黑斑，近前角处2个横斑，后排4个斜斑，中央2个较大，常与侧角处2个黑斑相接，融合成2个大黑斑，使前胸背板中央的浅色部分呈"十"字形。小盾片具"Y"字形斑纹。前翅革片黑色，外革片基半部及侧缘黄白色至橙黄色，端部具1个黄白色至橙红色横斑。腹下各腹节中央具1对小黑斑，其两侧具1纵列黑斑。

分　　布：内蒙古、陕西、甘肃、河北、山西、辽宁、吉林、黑龙江、江苏、山东、河南、安徽、湖北、四川、云南、西藏。

50.圆颊珠蝽 *Rubiconia peltata* Jakovlev, 1890

形态特征：体长6.8～7.7mm，宽4.4～4.9mm。体椭圆形，紫褐色或褐绿色，密被黑刻点。头黑褐色，具金绿光泽；头侧叶显著长于中叶，中叶前方具显著的缺口；复眼褐色，外突；小颊高，下缘平直，前下端钝圆；喙4节，上面黑色，下面黄色，顶端黑色，伸达后足基节间；触角5节，位于头下方复眼内侧，第1节及第2节基部黄褐色，其余黑褐色，布浅色短细毛。前胸背板前端略倾，后端鼓；宽为长的2.5倍；前缘凹，前侧缘直，后缘直。小盾片三角形，侧缘稍凹，顶端钝圆，常黄色。足黄褐色，跗节3节，第2节短。

分　　布：内蒙古、黑龙江、河北、山西、江西、湖北、江苏、浙江。

（二十）缘蝽科 Coreidae

51.刺腹颗缘蝽 *Coriomeris scabricornis scabricornis* (Panzer, 1805)

形态特征：体长8.5～9.1mm，宽3.1～3.3mm。体长椭圆形。黄褐色，密被具毛颗粒。头短圆柱形，布浓密颗粒及稀疏的具刚毛瘤状突，前端下倾，中叶稍长于侧叶，中叶具排列紧密的刺状突。触角4节，第4节呈长圆锥形，黑褐色，短于第2节。前胸背板前端窄，后端宽，中央有1条暗色纵纹；侧稍内凹，有8～11个白色长刺状突。后足股节端部具1枚大刺，其外端有3～4枚小刺。腹板后缘中央呈角状突起。

分　　布：内蒙古（鄂尔多斯市、阿拉善盟）、新疆。

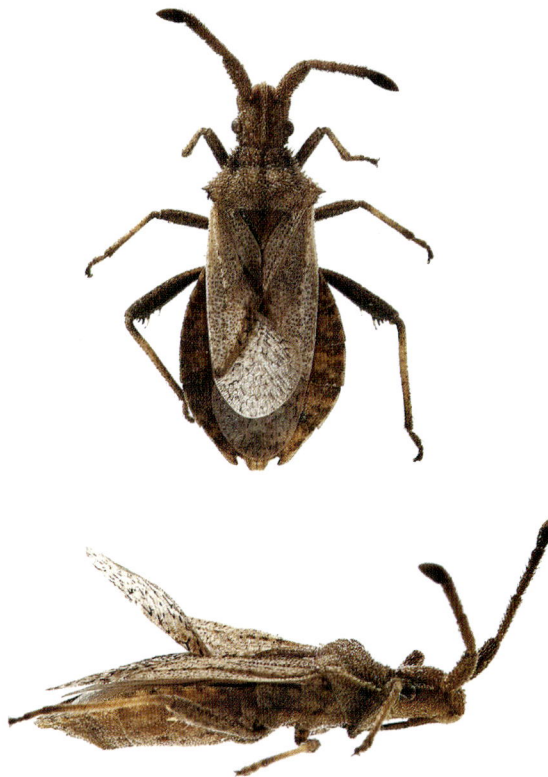

52.嗯缘蝽 *Enoplops sibiricus* Jakovlev, 1889

形态特征：体长10.5～11.5mm，宽4.5～5.1mm。体长椭圆形。体黄褐色或棕褐色，密被细黑刻点及同体色的小颗粒；前胸背板、前翅及体下方有时布黑斑点。头长方形；中叶锥状，突出，伸出触角基前方，其中央具1列短棘刺；侧叶头背面观不太突出；头顶中央前方具浅色短纵沟；触角基外侧有1个前指刺状突；触角4节，第1、第2节三棱形，黄褐色或棕红色，第3节渐向顶端扩展呈叶片状，第4节纺锤形，被平伏细毛及半直立粗毛。前胸背板前端显著下倾；前缘略凹，侧缘凹，后缘平直；前角尖锐，向前突出呈刺状，侧角钝圆，外突。

分　　布：内蒙古、新疆。

53.刺缘蝽 *Centrocoris volxemi* (Puton, 1878)

形态特征：体长9.0～10.0mm，宽3.1～3.3mm。体长椭圆形，浅黄棕色，密被刻点和小颗粒。头近方形，前端下倾；中叶及侧叶头背面可见；中叶宽于侧叶，长于侧叶；头背面具棘刺和小刺状突，头顶中央具纵沟，其两侧具1～2列棘刺；中叶中央具1列棘刺或刺状突。前胸前缘内凹，侧缘具细齿，边缘上翘；后缘具2个三角形叶状突。腹部背面黄褐色，基部黑褐色，各节背板两侧具1个不规则黑褐斑；侧接缘黄色、褐色相间；腹部腹面黄色，布红色小斑点。

分　　布：内蒙古（鄂尔多斯市、阿拉善盟）、新疆。

（二十一）姬缘蝽科 Rhopalidae

54.闭环缘蝽 *Stictopleurus viridicatus* (Uhler, 1872)

形态特征：体长 5.8 ~ 7.5mm，宽 1.7 ~ 2.4mm。两侧平行，灰绿色或浅黄棕色，被白色短毛。头三角形，刻点稀，宽稍大于长；中叶与侧叶约等长；触角 4节，第 1 ~ 3 节具棕红色或黑色斑点；喙 4 节，上面黄色，下面褐色，末端黑色，后伸略超过中足基节中央；小颊小，前端呈角状，下缘弧形，后端尖窄，向后达复眼前端。前胸背板梯形，宽大于长；前端横沟黑色，横沟两端弯曲呈环状；前缘稍凹，侧缘、后缘平直。腹部背面黑色，中部具 3 个黄色斑点，端部两侧黄色，中央黑色。

分　　布：内蒙古、北京、河北、山西、辽宁、吉林、陕西、新疆。

55.离缘蝽 *Chorosoma macilentum* Stål, 1858

形态特征：体长14.0～18.0mm，宽1.2～2.2mm。体狭长，草黄色。腹部背面基部及向后延伸的2条纵纹，喙的顶端、后足胫节顶端腹面及跗节腹面均为黑色。触角微带红色，具黑色平伏短毛；第1、第2、第3节逐渐细缩，第4节稍粗于第3节。喙达中胸腹板后缘。前胸背板具刻点。前翅不达第4腹节后缘，透明，革片上的翅脉带红色。各足股节均稍长于胫节；跗节3节，第1节长是第2、第3节之和的2倍以上。

分　　布：内蒙古、山西、陕西、新疆。

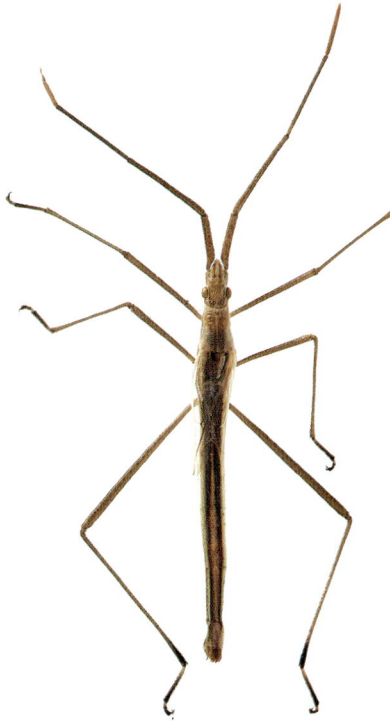

（二十二）猎蝽科 Reduviidae

56.蒙土猎蝽 *Coranus aethiops* Jakovlev, 1893

形态特征：体长10.2 ～ 11.8mm，宽3.3 ～ 3.5mm。体长椭圆形。体黑色，被浅色弯曲短毛和直立黑长刚毛。触角4节，褐色，第1节被直立长刚毛和弯曲短细毛，其余各节被半直立毛，第3节略长于第2节。前胸背板黑色，后缘内凹。小盾片三角形，黑色，具黑色直立长刚毛，顶角显著上翘。

分　　布：内蒙古鄂尔多斯市、通辽市、呼伦贝尔市。

五、鞘翅目 Coleoptera

（二十三）龙虱科 Dytiscidae

57. 小雀斑龙虱 *Rhantus suturalis* (W. S. MacLeay, 1825)

形态特征：体长约11.0mm，体长卵形，背面、腹部、触角棕色，复眼前方具中断的黑斑，头顶具1个黑色横斑。前胸背板宽大于长，前缘中部稍微凸，两侧微凹；前角前伸，较尖锐；后缘后凸，后角圆；侧缘弧凸，具边沿，向前渐窄；盘区稍隆起，中央具黑色横斑；中纵沟不达前、后缘。鞘翅长卵形，翅端收狭；翅面具黑色小斑，斑呈点状或连成长条状；鞘翅缘折明显，网眼清晰，大小不一。雄性前足、中足跗节略膨大，端部圆盘状，具吸附毛。

分　　布：全国广泛分布。

（二十四）步甲科 Carabidae

58.花斑虎甲 *Chaetodera laetescripta* (Motschulsky, 1860)

形态特征：体长 14.0 ～ 17.0mm。体背面紫铜色；足胫节褐色；触角柄节、梗节铜绿色，第3、第4节基半部浅褐色，端半部铜绿色，第5节以后褐色，并密生灰色绒毛。紫铜色鞘翅上的浅色斑纹变异较大，有的浅色斑纹沿外缘相合，沿缝肋前半部尚具浅色斑纹；有的盘区中部斑纹消失；有的斑纹几乎全消失，只在边缘尚可见些。体腹面紫铜色，有光泽。

分　　布：内蒙古、辽宁、吉林、河北、山西、河南、山东、湖北、江西、浙江、福建、湖南、广西。

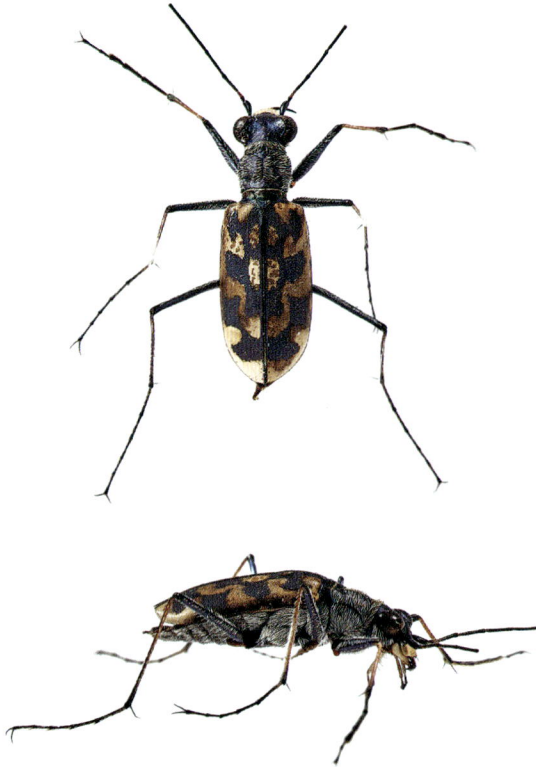

59.云纹虎甲 *Cylindera* (*Eugrapha*) *elisae elisae* (Motschulsky, 1859)

形态特征：体长8.5 ～ 11.0mm，宽4.5 ～ 5.5mm。体背深绿色，胸部和腹部侧面及足部基节、股节密布白色长毛。触角基部4节蓝绿色，光裸，第5节后为黑褐色且各节密具短毛。前胸背板具铜绿色光泽。鞘翅暗红铜色，密具细粒并杂有稀疏深绿色粗刻点，翅肩部花纹呈"C"字形，中央花纹呈斜"3"字形，端部花纹弧形，各花纹在侧缘相互连接。

分　　布：内蒙古、宁夏、河北、山西、甘肃、新疆、吉林、黑龙江、上海、江苏、浙江、安徽、福建、江西、山东、河南、湖北、湖南、广东、四川、云南、西藏、海南。

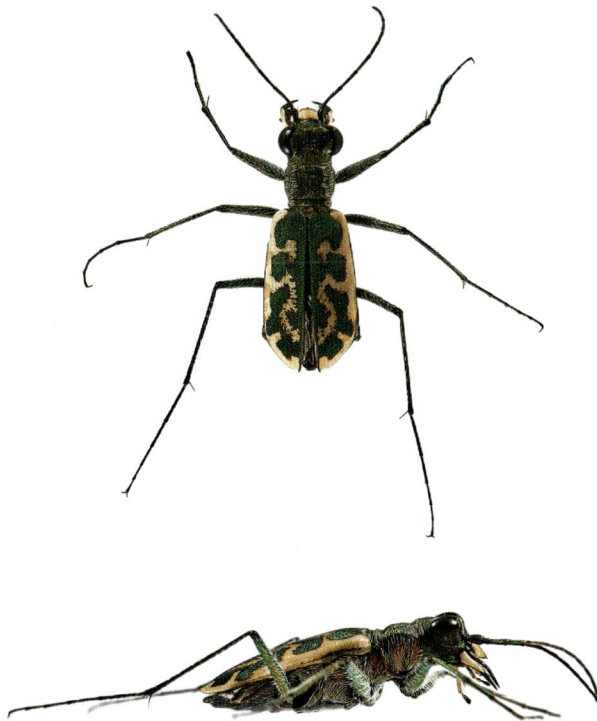

60.铜翅虎甲 *Cicindela (Cicindela) transbaicalica transbaicalica* Motschulsky, 1844

形态特征：体长约12.0mm，宽约5.0mm。体铜色且具紫色或绿色光泽。上唇横宽；复眼大而凸出；触角11节，丝状且细长。鞘翅基部和端部各具1个弧形斑，偶尔基斑分裂为2个逗点形斑；中部具1个弯曲的横斑。

分　　布：内蒙古、宁夏、黑龙江、辽宁、青海、新疆。

61.暗星步甲 *Calosoma lugens* Chaudoir, 1869

形态特征：体长22.0～31.0mm，宽10.5～11.5mm。体黑色，无金属光泽。触角基部4节光洁，5节后密被短绒毛；上颚内缘较直，末端钝，表面及外沟有皱纹；眉毛1根。前胸背板宽大于长，侧缘弧形，最宽处在中部。鞘翅近于长方形，两侧缘接近平行，每鞘翅有3行圆形无金属闪光的星点，星点较小，中央具1根刚毛。体腹面具细刻点，腹节中线每侧有1根毛。

分　　布：内蒙古、北京、陕西、黑龙江、辽宁、河北、山西、河南、山东、湖北、四川等地。

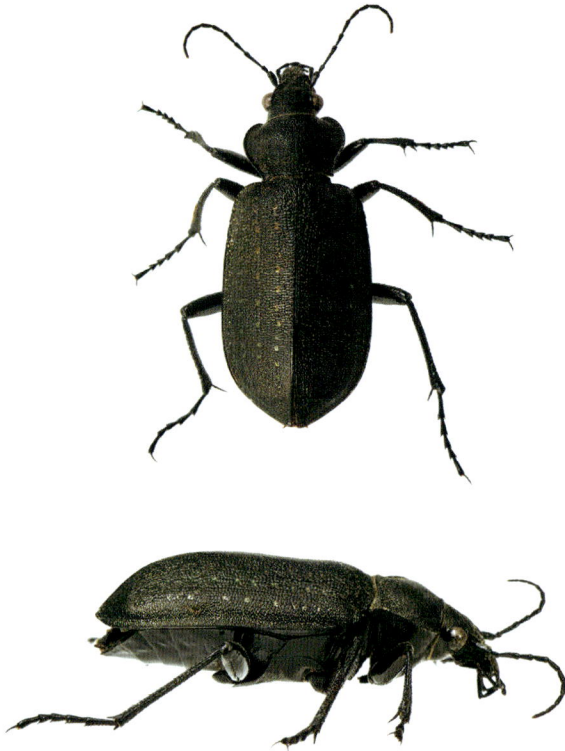

62.单齿蝼步甲 *Scarites terricola* Bonelli, 1813

形态特征：体长17.5 ～ 21.5mm，宽5.0 ～ 6.5mm。体黑色或棕褐色，有光泽。头近于方形，额中部微隆起；复眼小，其内侧具纵向的浅皱纹；上颚内缘有2个齿，表面及颚沟有皱纹；触角短，向后不达前胸背板基缘，触角基部4节光亮无毛，5节后密被黄褐色短毛。前胸背板宽大于长，最宽处在前部，基部两侧收狭，侧缘毛2根，分别位于前角后及后角上；前胸背板中部隆起，光亮，前横沟及中纵沟明显。足胫节宽扁，前胫节尤甚，中胫节外缘近端部有1根刺突。鞘翅狭长，两侧近于平行；肩后稍膨出，肩甲方形，肩齿突出；每鞘翅有7条具刻点纵沟，沟底刻点细小；第3行距有2个毛穴。

分　　布：内蒙古、甘肃、宁夏、新疆、河南、黑龙江、辽宁、河北、江苏等地。

63.皮步甲 *Corsyra fusula* (Fischer von Waldheim, 1820)

形态特征：体长8.5 ~ 10.0mm。头、胸部黑色，具稠密刻点及短毛；鞘翅浅黄色，具黑斑。上唇横宽，前缘毛6根，唇基前角各具1根长毛，眉毛2根；触角棕红色，向后超过前胸背板基部。前胸背板呈倒梯形，两侧缘弧形，边缘较宽的上翘，侧缘中部具1根长毛，盘区密布刻点和棕色绒毛。鞘翅宽卵形，刻点行9条，刻点细小；整个翅面具1个近似"凸"字形的大黑斑，各翅尾端具1个"山"字形小黑斑。胸部腹板黑色，腹部腹板棕红色。

分　　布：内蒙古、宁夏。

64.中华婪步甲 *Harpalus sinicus* Hope, 1845

形态特征：体长11.5～15.5mm，宽4.5～6.0mm。体黑色，有光泽；体腹面黑褐色。头部光洁无刻点。触角长达前胸后缘。前胸背板近方形，宽略大于长，最宽处在中部；前缘微后凹，后缘平直，侧缘弧形；侧缘毛1根，位于前部；盘区微隆起，具刻点，前部刻点稀小，基缘刻点大而密，基凹中的刻点常彼此相连；中纵沟细，后侧角近于直角。每鞘翅有9条纵沟，行距稍隆起。

分　　布：内蒙古、河南、河北、安徽、江苏、四川、湖北、湖南、江西、贵州、广西、福建。

65 纹达普步甲 *Daptus vittatus* Fischer von Waldheim, 1823

形态特征：体长8.0～9.0mm，宽2.0～2.3mm。头大部分黄褐色，上颚、上唇黑褐色，触角黄褐色，头顶突起且光滑，各复眼上前方有1个角突。前胸背板黄褐色，微突，光滑，前缘内弯，后缘较直，前缘宽约为后缘宽的1.5倍，侧缘弧形，最宽处位于前侧角之后。鞘翅淡黄褐色，各鞘翅靠近翅缝处具1条宽且长的黑色带。足淡黄褐色。

分　　布：内蒙古。

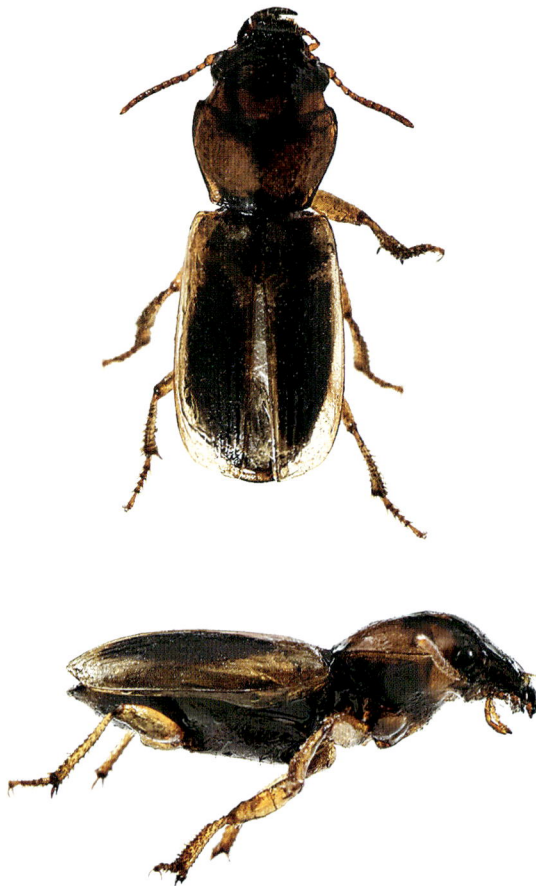

（二十五）牙甲科 Hydrophilidae

66.长须水龟虫 *Hydrophilus (Hydrophilus) acuminatus* Motschulsky, 1854

形态特征：体长28.0 ~ 32.0mm。体漆黑且有光泽；触角和下颚须黄褐色。每翅有4个大刻点沟，尤以基部明显。前胸腹板强烈隆起呈帽状，前胸腹板短，中胸腹板甚长，中央有1条纵脊，呈针刺形向后突出，达第2腹节中部；中胸腹板隆脊沟窄而浅，通常沟前端具1个小凹窝。中足、后足发达，生有长毛，适合水中游泳；雄性前足第5跗节仅简单变宽，不呈片状。

分　　布：内蒙古、宁夏、北京、河北、上海、浙江、江西、广东、四川、云南、西藏等地。

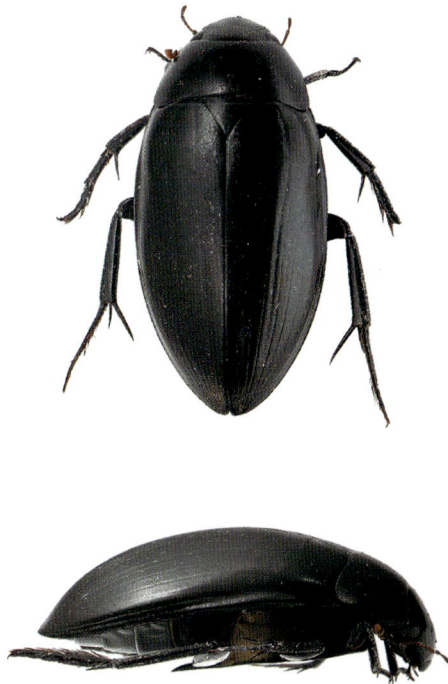

（二十六）锹甲科 Lucanidae

67.戴维刀锹甲 *Dorcus davidis* (Fairmaire, 1887)

形态特征：雌性体长约22.0mm。体黑色，前足股节基部具棕色小斑。上颚向内弯曲，内侧中部具1个大齿，上方稍近基部具1个向上的小齿。前胸背板上的刻点较鞘翅上的细、稀。雄性上颚较强大，略短于头和前胸之和，上颚基部宽大，端部尖削，向内强烈弯曲，中部具1个斜三角形大齿。前胸背板宽大于长，近倒梯形，中央隆起，前缘弯曲，后缘较直。鞘翅中部光滑；肩角尖。前足胫节侧缘具3～5个小齿，中足、后足胫节各有1个微齿。

分　　布：内蒙古、北京、陕西、宁夏、甘肃、青海、吉林、辽宁、河北、山西等地。

（二十七）隐翅甲科 Staphylinidae

68.三角布里隐翅虫 *Bledius tricornis* (Herbst, 1784)

形态特征：体长约6.0mm。头、胸、腹黑色，鞘翅黄褐色。前胸除中沟外布有粗大刻点。

分　　布：内蒙古、宁夏、四川。

（二十八）粪金龟科 Geotrupidae

69.波笨粪金龟 *Lethrus potanini* Jakovlev, 1890

形态特征：体长约17.0mm，宽约10.0mm。体中型，较圆隆，深黑褐色。头较长，唇基近梯形，表面粗糙，眼上刺突发达，从头部两侧伸出，呈三角形。上颚强大，有致密刻点，内缘着生4～5个小齿，左上颚外缘下面生1个强直长角突，向下弯曲，右上颚下面有疣突。触角11节，最后3节（鳃片部）顺序套置呈圆锥形。前胸背板横宽，密布刻点和小凸起，背面中段有1条纵沟纹，周围具明显边框，前侧角钝，后侧角圆。小盾片小，三角形。鞘翅十分圆隆，纵纹可见，但不明显，表面粗糙，有杂乱刻点和大小凸瘤，前足胫节外缘有7～8枚齿突，内缘距近端位，各足具爪1对，中足、后足胫节各有端距2枚。

分　　布：内蒙古、山西、甘肃等地。

70.叉角粪金龟 *Ceratophyus polyceros* (Pallas, 1771)

形态特征：体长约24.0mm，宽约13.0mm。体椭圆形，较扁薄，棕色或棕黑色，有弱金属光泽，体下被有浓密的黄棕色绒毛。触角11节，上颚强大，顶端分叉。前胸背板短宽，中部有1条纵沟，密布大而深显的刻点，前、后侧角圆钝，后缘略呈波状，有明显边框。小盾片前缘中部内陷，呈鸡心状。鞘翅具13条明显纵纹，纹间刻点不明显。前足胫节外缘有6枚齿突，端齿顶端分叉。雄性唇基向上伸出1个弯曲的角突，头部中央有1条纵脊，与角突相连，前胸背板前缘中央有向前伸长的角突1个，端部很尖，直达唇基前缘。雌性唇基前缘有1个三角形角突，顶端向上弯曲，近角突后方有1个短角突，前胸背板前部中央有1个小突起，略前倾，突起两侧各有1个小角突。

分　　布：内蒙古、宁夏、山西等地。

雄

雌

（二十九）金龟科 Scarabaeidae

71.台风蜣螂 *Scarabaeus typhon* (Fischer von Waldheim, 1823)

形态特征：体长20.6～32.6mm，宽13.6～19.0mm。体扁阔椭圆形，全体黑色，光泽较弱。头阔大，唇基长大，前部向上弯翘，前缘有大齿4枚，中2齿长大，侧2齿较矮；眼上刺突宽大，三角形，前端齿状，与唇基4齿合成头部6齿前缘；额唇基缝中段有1对低而明显的横形小丘突；触角9节，鳃片部3节。前胸背板横阔，有1条光滑中纵带，盘区散布刻点，四侧布小圆瘤凸，侧缘圆弧形扩出，锯齿形；胸下密被深褐色绒毛；足强大，前足胫节外缘4齿，内缘中段弧凹。雄性后足胫节背棱上的刷毛紧挨，雌性刷毛稀。小盾片缺如。鞘翅隆拱，纵线甚细弱，但可辨。臀板短阔三角形，散布刻点，末端圆钝。

分　布：内蒙古、宁夏、甘肃、河北、陕西、河南、山西、黑龙江、吉林、辽宁、山东、江苏、安徽、浙江等地。

72.墨侧裸蜣螂 *Gymnopleurus mopsus* (Pallas, 1781)

形态特征：体长10.8 ～ 15.6mm，宽6.7 ～ 10.0mm。体黑色。鞘翅肩凸处最阔，体上方扁平，下方略弧拱，光泽晦暗。头宽大，扇面形，前缘明显弧凹；头面布致密细皱纹，前部散布大刻点；唇基后缘有弧形棱状脊，恰与前胸背板前缘吻合；触角9节。前胸背板侧缘扩出，前段有小齿5 ～ 8个，前侧角锐而前伸，后侧角甚钝，后缘无边框。小盾片不见。鞘翅较狭长，8条纵沟线可辨；侧缘在肩凸之后强烈向内弯曲，腹侧裸露，于背面可见。前足股节琵琶形，前缘下棱端部1/4处有1个向外斜指齿突；前足胫节狭长，外缘前半有3个大齿，后半锯齿形，雌性端距圆细，雄性端距扁粗。中足胫节有长大端距1枚。后足胫节细长，四棱形，有端距1枚。

分　　布：内蒙古、宁夏、甘肃、新疆、山西、黑龙江、吉林、辽宁、河北、山东、江苏、浙江等地。

73.黑缘嗡蜣螂 *Onthophagus marginalis nigrimargo* **Goidanish, 1926**

形态特征：体长7.3～7.8mm，宽4.0～4.5mm。体短阔椭圆形。头、前胸背板、臀板黑色，鞘翅黄褐色，四缘为不整齐黑色条斑，翅面有不规则斑驳黑斑。头雄长雌短，唇基扇面形，雄性通常前缘微凹缺并呈铲形上翘，头顶向后呈板形延伸，板端中央呈小指形突，雌性头面前部梯形，头面有2道高锐平行横脊。触角9节。前胸背板隆拱，雄性前中部有凹坑，发育较弱的个体前部中央有1对小疣凸，雌性前中部有1个半圆形前伸突起。小盾片缺如。鞘翅前阔后狭，表面平整，7条刻点沟线可辨。前足胫节外缘有4个齿，居发达端位。中足、后足胫节呈喇叭形。

分　　布：内蒙古、山西、黑龙江、吉林、辽宁、河北、西藏等地。

74.大云斑鳃金龟 *Polyphylla laticollis* Lewis, 1887

形态特征：体长31.0 ～ 38.5mm，宽15.5 ～ 19.8mm。体栗褐色至黑褐色，体上面有由各式白色或乳白色鳞片组成的斑纹。前胸背板鳞片疏密不匀，在盘区大致呈"兴"字形斑纹；小盾片密覆厚实鳞片；鞘翅鳞片多呈椭圆形或卵圆形，组成云纹状斑纹，大斑之间有游散鳞片。触角10节，雄性鳃片部由7节组成，十分宽阔长大，向外侧弯曲，长为前胸背板长的1.25 ～ 1.33倍；雌性鳃片部短小，由6节组成。胸下绒毛厚密。雄性腹下有宽纵凹沟，雌性腹部饱满。雄性前足胫节外缘具2个齿，雌性具3个齿。

分　　布：内蒙古、宁夏、山西、陕西、黑龙江、吉林、辽宁、河北、山东、江苏、安徽、浙江、福建、河南、云南、四川等地。

75.黑皱鳃金龟 *Trematodes tenebrioides* (Pallas, 1781)

形态特征：体长13.5～17.0mm，宽8.0～9.5mm。体黑色，较灰暗。头部大，唇基横阔，密布深大蜂窝状刻点；侧缘近平行；前缘中段微弧凹；侧角圆弧形；触角10节，鳃片部3节，短小；下颚须末节长纺锤形。前胸背板短阔，密布深大刻点；前缘侧缘有边框，侧缘弧形扩出，有具毛缺刻；后段近直，后侧角钝角形。小盾片短阔。足粗壮，前足胫节外缘有3个齿；前足、中足跗端之内、外爪大小差异明显。鞘翅粗皱，纵肋几乎不可辨。后翅短。

分　　布：内蒙古、黑龙江、吉林、辽宁、河北、山西、陕西、山东、安徽、河南、湖南、江西等地。

76.阔胫玛绢金龟 *Maladera verticalis* (Fairmaire, 1888)

形态特征：体长6.7～9.0mm，宽4.5～5.7mm。体长卵圆形，浅棕色或棕红色。体表颇平，刻点浅匀，有丝绒般的闪光。头阔大，唇基近梯形，布较深但不均匀的刻点，有较明显纵脊；触角10节，鳃片部由3节组成。前胸背板短阔，侧缘后段直，后缘无边框。小盾片长三角形。鞘翅有9条清楚的刻点沟，沟间带弧隆，有少量刻点，后侧缘有较明显折角。胸下被有杂乱粗短绒毛。前足胫节外缘有2枚齿，后足胫节十分扁阔，表面光滑，几乎无刻点，2枚端距着生在跗节两侧。

分　　布：内蒙古、宁夏、甘肃、陕西、山东、山西、辽宁、吉林、黑龙江、河南等地。

77.围绿单爪鳃金龟 *Hoplia cincticollis* (Faldermann, 1833)

形态特征：体长11.4～15.0mm，宽6.0～8.3mm。体黑色至黑褐色，鞘翅淡红棕色，除唇基外，体表密覆各式鳞片。头较小，唇基短阔梯形；前侧角圆弧形；触角10节，鳃片部短小，由3节组成。前胸背板甚圆隆，鳞片之间疏生短粗纤毛；侧缘钝角形扩出；前侧角锐角形，十分前伸；后侧角近直角形。鞘翅前阔后狭，肩凸、端凸发达；纵肋几乎不可见，散生短小刺毛。后足胫节扁阔强壮，跗端仅有1个简单的爪。

分　　布：内蒙古、甘肃、河北、山西、辽宁、吉林、黑龙江、山东、河南等地。

78.白星花金龟 *Protaetia brevitarsis* (Lewis, 1879)

形态特征：体长18.0 ～ 22.0mm，宽11.0 ～ 12.5mm。体狭长椭圆形，古铜色、铜黑色或铜绿色，光泽中等。前胸背板及鞘翅布有众多条形、波形、云状、点状白色绒斑，大致呈左右对称排列。前胸背板前狭后阔，前缘无边框，侧缘略呈"S"字形弯曲。小盾片长三角形。鞘翅侧缘前段内弯，表面多绒斑；臀板有绒斑6个。腹部腹板披白色短毛。

分　　布：内蒙古、宁夏、甘肃、黑龙江、河南、安徽、四川、湖北、广西、云南。

79.粗绿彩丽金龟 *Mimela holosericea* (Fabricius, 1787)

形态特征：体长14.0～20.0mm，宽8.5～10.6mm。体深铜绿色，有强烈金属光泽。唇基前缘及前胸背板前侧方部分常现黄褐色，体腹面及足深紫铜色，有铜绿色闪光。前胸背板较短，密布粗大刻点，中部略凹陷，呈1条纵沟，前侧角前伸，呈锐角形，后侧角钝角形，后缘边框中部中断。小盾片甚短阔，近半圆形，散布刻点。鞘翅表面十分粗糙，缝肋宽而凸出，第1纵肋显著而直，第2纵肋不连贯，第3及第4纵肋常模糊、不完全；缘折半圆形，其下膜质饰边直达翅端。

分　　布：内蒙古、山西、陕西、黑龙江、吉林、辽宁、青海、河北等地。

80.多色异丽金龟 *Anomala chamaeleon* **Fairmaire, 1887**

形态特征：体长 12.0 ～ 14.0mm，宽 7.0 ～ 8.5mm。体卵圆形。体色变异大，深铜绿色、浅紫铜色，或头、胸深铜绿，翅黄褐色。前胸背板后缘侧段无明显边框，内侧仅勉强可见宽浅横沟，后侧角圆弧形。腹部前 3 ～ 4 腹板侧端纵脊状明显，无斑点或有时有淡色斑点。雄性触角鳃片部甚宽厚长大，长为触角前 5 节总长之 1.5 倍。

分　　布：内蒙古、宁夏、山西、陕西、河北、辽宁、吉林、上海、山东、云南、四川等地。

81.黄褐异丽金龟 *Anomala exoleta* Faldermann, 1835

形态特征：体长15.0～18.0mm，宽7.0～9.0mm。体中型，卵圆形，全体黄褐色带红色，有光泽。头小，唇基长方形，前侧缘弯翘；触角9节，淡黄褐色。前胸背板深黄褐色，盘区颜色较深，后缘中段后弯，前缘内弯，有边框，侧缘弧形。小盾片三角形，前面密生黄色细毛。鞘翅具3条不明显纵肋，密生刻点。足及胸部腹板均为淡黄褐色，密生细毛。前足胫节外侧有齿，后足胫节发达，上有2排褐色小刺，末端生2枚距，跗节5节，端部生1对不等大的爪，前足、中足的大爪分叉。腹部淡黄色，密生细毛，腹部分节明显。

分　　布：内蒙古、宁夏、甘肃、黑龙江、河南等地。

82.蒙古异丽金龟 *Anomala mongolica* Faldermann, 1835

形态特征：体长16.0～23.0mm，宽9.2～11.8mm。体中到大型，长椭圆形，全体深绿色到墨绿色，有铜黄色金属光泽，腹面有紫色光泽，也有全体靛蓝色或茄紫色个体，背面不被毛。体背面均匀密布粗大圆深刻点。唇基梯形，前缘微弧形，密布大而有时融合的刻点，头前部密布深大刻点，头后部布细密刻点。前胸背板相当隆拱，前缘有透明角质饰边，侧缘前段显著靠拢，最阔点在中点之后，接近基部，侧缘疏列长毛，中纵可见微弱光滑纵带。小盾片三角形，宽略大于长，侧缘缓弧形，端钝，中央有深大刻点，侧缘及端部光滑。鞘翅长，中后部微弧扩，纵肋纹不显，后缘近横直，缘折中点之后有宽阔膜质饰边。臀板及前臀板布细密横皱，密被灰黄色绒毛。胸下密被灰黄色绒毛，每腹板有1排绒毛，侧端有同色毛斑。前足胫节外缘端部2个齿，端齿前指尖锐，基齿钝；前足、中足大爪端部分裂为二。

分　　布：内蒙古、黑龙江、吉林、辽宁、河北、山东等地。

83.阔胸禾犀金龟 *Pentodon mongolicus* Motschulsky, 1849

形态特征：体长17.0～25.7mm，宽9.5～13.9mm。体黑褐色或赤褐色，全体油亮，短壮卵圆形，背面十分隆拱。头阔大，唇基长大，梯形，布密刻点，前缘平直，两端各呈1个上翘齿突；额唇基缝明显，由侧向内微向后弯曲，中央有1对疣凸；触角10节，鳃片部由3节组成。前胸背板宽，十分圆拱，散布圆大刻点，前部及两侧刻点皱密，侧缘圆弧形，后缘无边框，前侧角近直角形，后侧角圆弧形；前胸垂突柱状，端面中央无毛。足粗壮，前足胫节扁宽，外缘有3个大齿，基齿、中齿间有1个小齿，基齿以下有2～4个小齿；后足胫节端缘有刺17～24枚。鞘翅纵肋隐约可辨。

分　　布：内蒙古、黑龙江、吉林、辽宁、河北、山西、陕西、宁夏、甘肃、青海、山东、江苏、浙江、河南等地。

（三十）泥甲科 Dryopidae

84.丝光泥甲 *Praehelichus sericatus* (Waterhouse, 1881)

形态特征：体长5.6～7.8mm。体黑色，被淡黄色短绒毛，整体呈暗灰色，触角、口器黄棕色，足红棕色。触角11节，基部2节短大（其中第2节明显大于基节），鞭节长栉状。前胸背板宽大于长，后角尖突，后缘中央内凹，前胸腹板突前缘圆突，两侧几乎平行。小盾片心形。前胸背板和鞘翅上刻点明显。

分　　布：内蒙古、北京、河南、江西、新疆、四川。

（三十一）吉丁虫科 Buprestidae

85.斜顶尾吉丁 *Sphenoptera (Sphenoptera) inermis* Kerremans, 1898

形态特征：体长15.0 ~ 18.0mm。整体隆凸，纺锤形。体黑褐色，具金属光泽；前胸背板两侧铜褐色。头部略突出，前额具2处三角形浅凹，密布不规则细刻点；头顶正中具1条细纵沟，密布不规则细刻点。前胸背板近方形，基部最宽，宽约为长的1.6倍；前缘弱双弧状，中叶阔突，略低于前角；后缘双弧状，中叶强烈后突，端部平截状，超过后角；盘区中正具纵向宽凹，两侧具光滑纵脊。鞘翅长盾形，长约为宽的1.9倍，两侧着生黄色绒毛带，近翅肩处具1处浅凹。

分　　布：内蒙古、新疆。

（三十二）叩甲科 Elateridae

86.泥红槽缝叩甲 *Agrypnus argillaceus* (Solsky, 1870)

形态特征：体长12.5 ～ 15.5mm。体狭长。体朱红色或红褐色；前胸背板底色黑色；鞘翅底色红褐色；小盾片底色黑色；触角、足及腹面黑色；全身密被茶色、红褐色或朱红色的鳞片、短毛。前胸背板中部宽大于长；中部纵向略低凹，近后缘处尤为明显；两侧最宽处位于中部之前，并向前角明显收窄；前胸腹侧缝凹陷成沟槽，可放置触角基部1 ～ 5节。鞘翅两侧平行，后1/3处渐向端部变窄。

分　　布：内蒙古、北京、甘肃、吉林、辽宁、台湾、湖北、广西、四川、贵州、云南。

87.微铜珠叩甲 *Paracardiophorus subaeneus* (Fleutiau, 1902)

形态特征：体长约6.0mm，宽约1.5mm。体黑色，带铜色光泽。被毛灰白色。前胸背板长、宽近等，中域相当隆凸；两侧弧拱，具极细的边，从基部向前，不伸抵前角；后角短，两侧凹进。小盾片心形，基缘中央凹下，形成浅纵沟。鞘翅基部宽，逐渐向末端收狭，其长不及基宽的2倍，表面刻点沟纹深，沟纹间隙平，无皱纹。

分　　布：内蒙古、山东、陕西、浙江、福建。

（三十三）郭公虫科 Cleridae

88.连斑奥郭公甲 *Opilo communimacula* (Fairmaire, 1888)

形态特征：体长10.0 ～ 12.0mm。体、足黑色，触角黄褐色，鞘翅红色，近端部具1个琵琶形黑斑。下颚须和下唇须端节呈斧形。前胸背板长大于宽，基部2/5收窄。鞘翅上的刻点很细小。

分　　布：内蒙古、北京、宁夏、山西。

89.中华毛郭公虫 *Trichodes sinae* Chevrolat, 1874

形态特征：体长9.0～18.0mm。头及前胸深蓝色；鞘翅红色，基部具半圆形小黑斑，基部1/3处、端部1/3处和翅端具黑色横纹。触角短，触角棒3节，较宽大。

分　　布：内蒙古、北京、陕西、宁夏、甘肃、青海、新疆、黑龙江、吉林、辽宁、河北、山西、河南、山东、上海、江苏、浙江、江西、福建、湖北、湖南、广东、广西、四川、重庆、贵州、云南、西藏。

（三十四）大花蚤科 Ripiphoridae

90. 双斑巨额大花蚤 *Macrosiagon bipunctata* (Fabricius, 1801)

形态特征：体长8.0 ~ 10.0mm，宽2.0 ~ 3.0mm。雄性头、胸、腹、足的股节和胫节黑色，触角主干黄褐色，梳栉黑色。雌性头、胸、腹红褐色，足的股节、胫节黑色，触角主干黄褐色，锯齿黑色。额部高高突起，正面观半圆形。前胸背板长梯形，前窄后宽，后缘两侧内凹。鞘翅长三角形，黄褐色，左右分开，翅基及翅尖黑色，雌性鞘翅中部靠外侧具1个黑斑，雄性鞘翅中部靠外侧具1个较模糊的淡褐色斑。

分　　布：内蒙古鄂尔多斯市。

（三十五）瓢虫科 Coccinellidae

91.异色瓢虫 *Harmonia axyridis* (Pallas, 1773)

形态特征：体长5.4 ~ 8.0mm，宽3.8 ~ 5.2mm。体周缘卵圆形，突肩形拱起，但外缘向外平展部分较窄。体背面的色泽及斑纹变异较大。头部橙黄色或橙红色至全为黑色。前胸背板浅色，有1个"M"字形黑斑，向深色型的变异时，该斑黑色部分扩展相连以至中部全为黑色，仅两侧浅色；向浅色型的变异时，该斑黑色部分缩小，仅留下4个黑点或2个黑点。鞘翅上各有9个黑斑，向深色型的变异时，斑点相连而成网形斑，或鞘翅黑色而各有6个、4个、2个或1个浅色斑，甚至全为黑色；向浅色型的变异时，鞘翅上的黑点部分消失以至全部消失，甚至鞘翅全为橙黄色。鞘翅近末端7/8处有1道明显的横脊痕。

分　　布：内蒙古、吉林、新疆、四川、贵州、云南、河北、河南、湖北、湖南、江西、福建、广西、广东等地。

（三十六）拟步甲科 Tenebrionidae

92.蒙古漠王 *Platyope mongolica* Faldermann, 1835

形态特征：体长10.3 ~ 14.5 mm，宽5.0 ~ 8.0mm。前胸背板密布粒点，宽约为长的2倍，两侧前端近于宽圆，前角尖，后角宽直；后缘中央浅凹，两侧基部各有1个深坑；盘区中央无压迹或有不深的凹陷。鞘翅基部较前胸背板宽，有稀疏、明显的颗粒；鞘翅侧缘脊伸达肩部，其与缘折的外缘之间密被灰色伏毛，将翅的这一部分分为内、外两半；毛带中有1个狭窄区域，无灰色毛，有1行不太大的粒突；翅坡上有清楚的淡色毛带。

分　　布：内蒙古、宁夏、辽宁、吉林等地。

93.平原东鳖甲 *Anatolica ebenina* **Fairmaire, 1886**

形态特征：体长9.0～12.0mm，宽4.0～5.5mm。体长卵形，黑色，光亮。唇基梯形，前缘、侧缘间圆钝角形，与颊间呈弱凹；前颊在眼前扩展；眼圆形；后颊向后弧形收缩；头顶平坦，细刻点稀疏。前胸背板横阔，基部缢缩，宽为长的1.2倍；前缘弱弧凹，饰边中断；侧缘端2/3圆弧形，基部1/3直，端部1/3处最宽；基部宽弧形后突；前角圆钝，后角圆直角形。鞘翅宽卵形，长为宽的1.5倍；基部弧凹，无饰边；肩圆形前伸；侧缘宽弧形；翅背平坦，沿中缝略凹。股节直，下侧无明显感觉器；前足胫节内侧中间弱弧凹，端部膨大，大端距较第2跗节长。中足胫节大端距与第1跗节近等长。后足端距披针状，较第1跗节短。

分　　布：内蒙古、宁夏、北京。

94. 粗翅沙土甲 *Opatrum (Colpopatrum) asperipenne* Reitter, 1897

形态特征：体长5.6 ～ 8.5mm。体卵形，黑色无光泽，腹面暗褐色。头部有小颗粒；唇基前缘凹，其与颊之间有钝的小缺刻；复眼内侧有隆褶；触角向后长达前胸背板中部。前胸背板宽为长的2倍，基部两侧略凹；前缘中间略突出，有饰边；侧缘较圆，中部最宽，中部之后明显收缩，饰边上弯并发亮；前角较尖，后角近于直角形；背面有稠密的皱纹状小颗粒，对着鞘翅的第3 ～ 5行间有圆形或三角形凹陷。鞘翅短卵形，肩直角形，每翅9条纵脊，脊间有稠密小颗粒，无光泽。

分　　布：内蒙古西部、甘肃北部、宁夏。

95.荒漠土甲 *Melanesthes (Melanesthes) desertora* Ren, 1993

形态特征：体长10.0 ～ 10.5mm，宽5.0 ～ 5.5mm。体黑色，无光泽。头顶扁平，密被木锉状刻纹。触角长达前胸背板中部；第3节长为第2节的4倍，等于第4、第5节之和。前胸背板宽是长的3倍，拱顶；盘区平坦，侧缘有宽边；前角锐；基部中段直，两侧向下弯曲；后角近于90°；基沟宽，两侧有深坑；四周有饰边。鞘翅肩阔，两侧扩展，向末端渐变尖，基部有明显刻点行，全体有木锉状粒点。前足胫节外缘有3 ～ 4枚钝齿，端齿及中齿较大，基齿1 ～ 2枚；后足发达，胫节截面方形。

分　　布：内蒙古、宁夏。

96.奥氏真土甲 *Eumylada oberbergeri* (Schuster, 1933)

形态特征：体长9.0 ～ 10.0mm。体粗短，亮黑色，背面光裸；触角、口须和跗节棕红色。唇基前缘圆形深凹；唇基和颊之间浅凹；背面刻点粗而稠密。触角细短，向后长达前胸背板中部。前胸背板横阔，中部之后最宽；前缘弱弯，两侧有饰边；侧缘拱弯并有完整饰边；基部两侧弯曲；前、后角尖角形；盘隆起，布大小不一的刻点；侧缘窄扁，基部两侧各有1个横凹。鞘翅卵形拱起；基部宽于前胸背板基部，有尖角形肩齿，其后有1个钝突；背面刻点行较粗，内侧行间有不均匀刻点。前胸腹板有1条深纵沟，每侧有1条侧沟；前胸腹板突呈尖角形，有3条纵沟，中央1条最宽。

分　　布：内蒙古（鄂尔多斯市、阿拉善盟）、甘肃、宁夏、陕西。

97.弯齿琵甲 *Blaps femoralis femoralis* Fischer-Waldheim, 1844

形态特征：体长18.0～23.0mm，宽9.0～10.0mm。体长卵形，黑色，无光泽或有弱光泽。唇基前缘中部较直并有棕色毛，两侧弱弯，稍隆起；触角第4～11节有短柄，端部4节念珠状，有褐色细毛；头顶密布刻点，复眼狭长前弯。前胸背板密布刻点，中线微凹；前缘后弯，中段无细棱；侧缘向外弯，后端较直，有细棱；后侧角近于直角；后缘略向前弯，仅两端有细棱。前足股节近端部前侧下方有1个弯齿；中足、后足股节端齿很小，仅呈1个突起。鞘翅密布浅皱和刻点，略显纵纹，假折缘基部从上方可见；翅端突很短，不甚显著。前胸腹板突有中沟和刻点，端部超过腹板后缘。雄性第1、第2节腹板之间有1个褐色刷毛斑，其他各节有皱纹和小毛点，末节腹板扁平略凹。

分　　布：内蒙古、宁夏、陕西、甘肃、河北北部等地。

98.鄂尔多斯栉甲 *Cteniopinus* sp.

形态特征：体长12.0 ～ 13.0mm。体黄色，密布黄毛；后头、触角、胫节端距、前胸背板浅棕色，上颚浅棕色，内外缘浅黑色。触角向后伸达鞘翅长的3/4处。前胸背板近基部1/2处侧边明显。鞘翅肩部略较前胸基部宽，侧缘近平行，刻点沟深而规则，刻点密。第4腹板基部平直，第5腹板具浅而清晰的三角形凹陷，第6腹板凹陷深。

分　　布：内蒙古鄂尔多斯市。

（三十七）芫菁科 Meloidae

99.西伯利亚豆芫菁 *Epicauta (Epicauta) sibirica* (Pallas, 1773)

形态特征：体长12.5～19.0mm，宽4.0～5.5mm。体黑色，头大部分红色。触角稍长于头、胸之和；雌性触角线状，每节有稠密刺毛，各节前端刺毛向前突；雄性触角第4～9节栉齿状。前胸背板长、宽近相等，两侧平行，前端变窄；密布细刻点和细短黑毛，中央有1条纵凹纹，基部之前有1个三角形凹陷。鞘翅外缘及端部具很窄的灰白色毛带。后胸腹板两侧有很稀疏的灰白色毛。前足除跗节外被白色毛。

分　　布：内蒙古、陕西、甘肃、青海、宁夏、新疆、北京、河北、山西、辽宁、吉林、黑龙江、河南、四川。

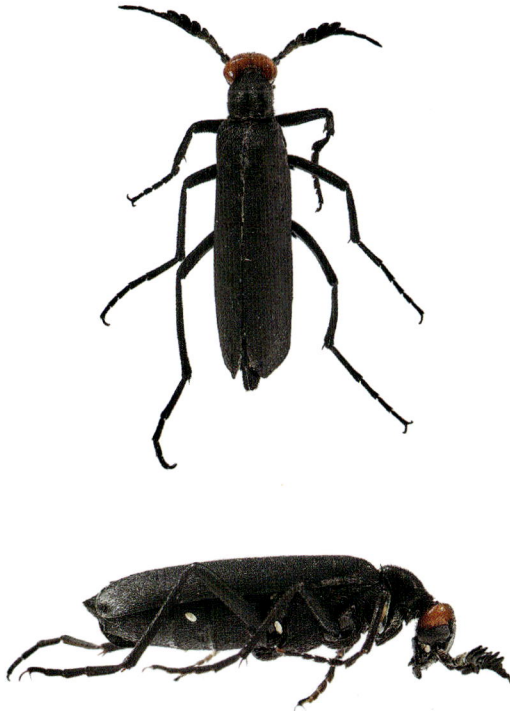

100.疑豆芫菁 *Epicauta (Epicauta) dubia* (Fabricius, 1781)

形态特征：体长12.0～20.0mm，宽3.0～5.0mm。雄性体黑色，密被黑毛，头大部分黑色，额中央有1个长圆形小红斑，两侧后头红色。触角向后伸达体中部，第3～9节扁平，并向一侧展宽，第4～9节背面中央微凹，第4节宽为长的2～3倍，末节顶端圆。前胸背板中央具1条明显纵沟，基部具1处凹洼。前足第1跗节侧扁，基部细，端部膨阔，斧状。肛板后缘中央缺刻。雌性触角基部瘤状突小；触角近丝状。前足第1跗节正常柱状。肛板后缘平直。

分　　布：内蒙古、陕西、甘肃、青海、宁夏、河北、山西、辽宁、吉林、黑龙江、江苏、江西、湖北、四川、西藏。

101.绿芫菁 *Lytta caraganae* (Pallas, 1781)

形态特征：体长11.5 ~ 17.0mm，宽3.0 ~ 6.0mm。雄性体绿色至蓝色，具金属光泽。触角细长，近念珠状，向后伸直超过鞘翅肩部。前胸背板光滑无毛，刻点较头部稀疏；前角显著隆凸；盘区中央具1条细纵沟，中部具1个近圆形大凹，近基部具1个横凹。鞘翅无斑，密布细小刻点和褶皱。前足、中足第1跗节基部细窄，端部膨大，近斧状；前足胫节仅具1枚钩状内端距；中足转节具1个尖齿，后足转节具1个不明显瘤突。肛板后缘弧凹。雌性前足、中足第1跗节基部微收缩，不如雄性显著；前足胫节有2枚大小相近的端距；中足、后足转节无齿或瘤突；肛板后缘平直。其余特征同雄性。

分　　布：内蒙古、北京、河北、山西、辽宁、吉林、黑龙江、上海、江苏、浙江、安徽、江西、山东、河南、湖北、湖南、陕西、甘肃、青海、宁夏、新疆。

102.斑毛短翅芫菁 *Meloe (Desertioemeloe) centripubens* **Reitter, 1897**

形态特征：体长14.0～19.5mm，前胸背板宽3.5～4.5mm，雌性体较雄性大。体黑色，光泽较弱。唇基前缘黄褐色，两端各有1个横向凹陷且对称；触角11节，呈念珠状，末节端部尖细。前胸背板宽大于长，侧缘靠基部1/3处内凹，后角略向外凸起，前角钝圆不凸出；盘区中部有1团纵向菱形的黄色柔毛斑，基部略凹入，靠基部有1个横向压痕区域，压痕内有刻点。鞘翅略有光泽，翅基与头部等宽，但宽于前胸背板，翅表面皱纹细。腹部背板各节中部有1对对称的黄色毛斑，腹板各节靠近两侧缘处各有1个黄色毛斑且对称着生。

分　　布：内蒙古、新疆。

103. 苹斑芫菁 Mylabris (Eumylabris) calida (Pallas, 1782)

形态特征：体长10.0～22.0mm，宽2.6～6.7mm。雄性体黑色，具光泽，密布粗大规则浅刻点和黑色长毛。额上具1条弱纵脊和2个红色圆斑，有时红斑极暗甚至消失。触角向后伸达前胸背板基部。前胸背板长大于宽；中部最宽，向端部和基部渐收缩，基半部两侧近平行，端部窄于基部。鞘翅黄色至棕黄色，密布黑色短毛；每翅基部1/4处和端部1/4处各具2个圆斑，中部具1个波浪形黑横纹，端部2个圆斑有时相合。腹部第5可见腹板后缘中央钝角前凹；肛板后缘中央三角深凹。雌性触角向后仅达前胸背板中部。腹部第5可见腹板和肛板后缘中央平直。其他特征同雄性。

分　　布：内蒙古、河北、山西、辽宁、吉林、黑龙江、江苏、山东、河南、湖北、陕西、甘肃、青海、宁夏、新疆。

104.蒙古斑芫菁 *Mylabris mongolica* (Dokhtouroff, 1887)

形态特征：体长9.0～21.5mm，宽2.1～5.3mm。鞘翅通常红黄二色，少数全黄色，沿基部具1个窄黑斑并伸至小盾片侧面；基部1/4处具1条黑横纹，通常裂为2～3个小斑；中部具1个强烈波曲状黑斑，有时裂为2个斑，外侧斑斜向横形，内侧斑为1个小圆斑；端部1/4具2个黑色近圆形斑；端缘黑斑近方形。

分　　布：内蒙古、河北、河南、陕西、甘肃、宁夏、新疆。

105.横纹沟芫菁 *Hycleus solonicus* (Pallas, 1782)

形态特征：体长 17.5 ～ 21.5mm，宽 4.5 ～ 6.0mm。体黑色，被黑色竖毛，头部刻点粗密。前胸背板中线完整。鞘翅淡黄色至棕黄色，具黑色斑；端部黑色缘斑细窄；第 3 条斑通常为波浪状横斑，达翅缘。

分　　布：内蒙古、黑龙江、辽宁。

（三十八）蚁形甲科 Anthicidae

106.独角蚁形甲 *Notoxus monoceros* (Linnaeus, 1760)

形态特征：体长 4.2 ～ 5.3mm。体细长，黄棕色。头大向下，复眼黑色外突，眼后收缢；触角丝状，11 节，末端稍膨大。前胸背板略呈球形，前区有 1 个角状突起，超过头长，尖端暗色。鞘翅明显宽于前胸背板；每鞘翅具 3 个黑点，即肩下方近缝处 1 个，翅端外侧和翅缝中部各 1 个，黑点的形状变异大。翅面密布成行的黄色短毛。

分　　布：内蒙古、宁夏、辽宁、黑龙江、甘肃、新疆。

（三十九）天牛科 Cerambycidae

107.槐绿虎天牛 *Chlorophorus diadema* (Motschulsky, 1854)

形态特征：体长8.0 ～ 12.0mm，宽2.2 ～ 3.5mm。头部及腹面被有灰黄色绒毛。触角基瘤内侧呈角状凸起，头顶无毛，分布深密刻点。前胸背板长略大于宽，略呈球面，密布粒状刻点；前胸背板中域无细长竖毛；前缘及基部有灰黄色绒毛，有时绒毛分布较多，使中央无毛区域形成1个褐色横条，或前端与基部绒毛扩大至中央相遇，使横条区域被分割成断续斑点。鞘翅肩部前、后有黄绒毛斑2个，靠小盾片沿内缘为1个向外弯斜的条斑，其外端几乎与肩部第2斑点相接，中央稍后又有1个横条，末端黄绒毛亦呈横条形。

分　　布：内蒙古、黑龙江、吉林、辽宁、甘肃、山西、河北、山东、江苏、湖北、陕西、河南、北京、安徽、广西、江西。

108.鞍背亚天牛 *Anoplistes halodendri ephippium* (Steven & Dalmann, 1817)

形态特征：体长约13.0mm，宽约3.2mm。体窄长，黑色；鞘翅基部、肩部及外缘橙红色，呈鞍形；中部在中缝区形成窄黑斑，伸延至鞘翅末端。前胸背板宽稍大于长，两侧缘中部有短钝的刺突，胸面刻点粗大而浅，刻点间呈网纹状，被灰白色细长竖毛。小盾片呈等边三角形，有灰白色细毛。后足第1跗节长度大于第2、第3跗节之和。

分　　布：内蒙古、新疆、河北、辽宁、吉林。

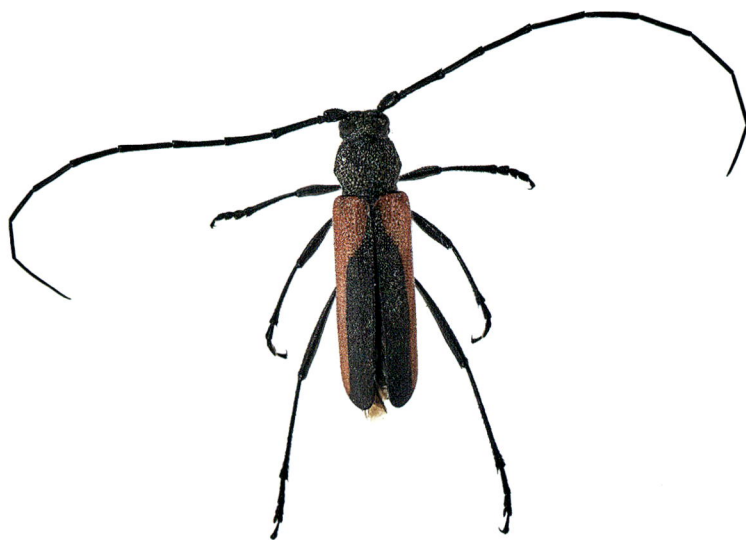

109.波氏草天牛 *Eodorcadion potanini* (Jakovlev, 1890)

形态特征：体长15.0 ~ 21.0mm。体黑色。触角柄节末端具1条横脊，且长于第3节。前胸背板长略短于宽。鞘翅基部及肩部不具齿；肩脊、中部及翅缝各有1条较宽的白色纵纹；肩脊和中部条纹上下两端相合，翅缝条纹在小盾片两侧分开。

分　　布：内蒙古鄂尔多斯市。

110.郝氏筒天牛黑胸亚种 *Oberea herzi morio* Kraatz, 1879

形态特征：体长12.0 ～ 13.0mm，宽约2.0mm。触角均为黑色，柄节短于第3节，长于第4节，以后各节基本等长；第2节最短，其长是宽的1.2倍以上。小盾片呈舌状分布，有黄色长绒毛。鞘翅刻点较大，并呈多条纵列；鞘翅上有上凸下渐平的纵脊。腹面各足基窝黑色，股节以后红褐色，后足第1跗节远短于其余各节之和。腹部第5节有中缝。

分　　布：内蒙古、辽宁。

111.多斑坡天牛 *Pterolophia multinotata* Pic, 1931

形态特征：体长6.0 ～ 9.0mm，宽2.0 ～ 3.0mm。体黑色。雄性触角刚超过体长，雌性触角约等于体长。前胸背板黑色，分布多个斑点；侧突不明显，宽大于长。鞘翅黑色，布满白色绒毛；鞘翅在近基部中央有1个瘤状突起，其上生有漆黑毛簇；翅中部稍下偏外处横列1个较大的灰白色云状斑纹，其他部位分布多个黑斑，相对较均匀。足基部各节有白斑。

分　　布：内蒙古、宁夏、辽宁。

（四十）叶甲科 Chrysomelidae

112.黑条龟甲 *Cassida lineola* Creutzer, 1799

形态特征：体长6.0 ~ 8.0mm，宽4.5 ~ 5.5mm。体椭圆形，两侧较平行；驼顶不拱凸；敞边平坦；鞘翅敞边狭，较均匀。活虫体色以绿色居多，具银色条纹，干标本为草绿色、橙黄色、棕红色到血红色；腹面大部黑色。前胸背板无花纹；鞘翅中缝有黑条，自驼顶起向后断断续续直到缝角；每翅沿第2、第3、第4纵脊有黑条，亦有中缝淡色仅缝角黑色，而盘区黑斑减少至2 ~ 3个的。腹面和足的细刻点及细毛较多，前足基节彼此较靠近。

分　　布：内蒙古、河北、山西、陕西、江苏、浙江、湖北、江西、福建、广东、广西、云南等地。

113.蒿金叶甲 *Chrysolina aurichalcea* (Mannerheim, 1825)

形态特征：体长6.2～9.5mm，宽4.2～5.5mm。背面通常青铜色或蓝色，有时紫蓝色，腹面蓝色或蓝紫色。头顶刻点较稀，额唇基较密；触角细长，约为体长之半，第3节长约为第2节的2倍，略长于第4节，第5节以后各节较短且等长。前胸背板横宽，表面刻点深密，粗刻点间有极细刻点；侧缘基部近直，中部之前趋圆，向前渐狭，前角向前突出，前缘向内弯进，中部直，后缘中部向后拱出；盘区两侧隆起，隆内纵行凹陷，基部较深，前端较浅。小盾片三角形，有2～3粒刻点。鞘翅刻点较前胸背板的更粗、更深，排列一般不规则，有时略呈纵行趋势，粗刻点间有细刻点。

分　　布：内蒙古、宁夏、陕西、甘肃、新疆、黑龙江、吉林、辽宁、河北、山东、浙江、福建、河南、湖北、湖南、广西、云南、贵州等地。

114.蒙古跳甲 *Altica deserticola* (Weise, 1889)

形态特征：体长5.0 ~ 5.5mm。体蓝黑色，前足基节窝开放，后足股节膨大。前胸背板及鞘翅不密被绒毛，前胸背板基部具伸达两侧的横凹洼。鞘翅不具明显纵脊，刻点窝不显著。

分　　布：内蒙古、宁夏、青海、黑龙江等地。

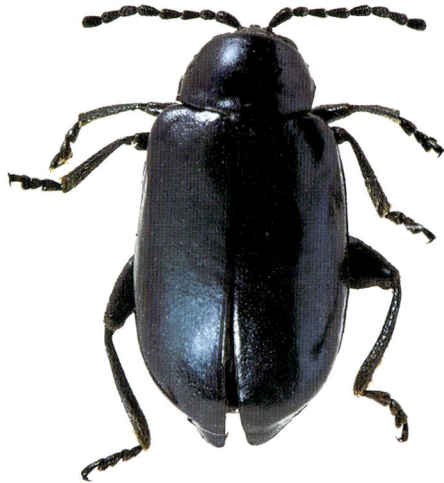

115.白茨粗角萤叶甲 *Diorhabda rybakowi* Weise, 1890

形态特征：体长4.5～5.5mm，宽3.0～4.0mm。体长形，背、腹面及足皆为黄色；触角第1～3节背面黑褐色，腹面黄色，第4～11节黑褐色；头部从后向前为1个"山"字形黑斑纹；前胸背板具5个黑斑，中部及两侧各具1个斑，中斑的上、下又各具1个斑，每个鞘翅上具1条黑褐色纵纹；腹部各节每节两侧各具1个黑斑，第3、第4、第5节后缘中部黑褐色。头顶具中纵沟及较密的刻点。前胸背板宽大于长，基缘波曲，侧缘在中部之后圆隆；盘区中部两侧各具1个较深的圆凹，基缘中部为浅凹。小盾片舌形，具刻点。雌性交配后腹部特别肥大，体长可达8.0～12.0mm。

分　　布：内蒙古、陕西、宁夏、甘肃、新疆、四川等地。

116.沙葱萤叶甲 *Adimonia daurica* (Joannis, 1865)

形态特征：体长约7.5mm，宽约6.0mm。雌性体型略大于雄性。体长卵形，乌金色，具光泽。触角11节。前胸背板淡红色至黑褐色，有时仅中部如此；宽约为长的2.5倍。小盾片呈倒三角形，黑色。鞘翅由内向外排列5条黑色条纹，内侧第1条紧贴边缘，第3、第4条短于其余3条，第2条和第5条末端相连。雌性腹末端为椭圆形，有1条"一"字形裂口，交配后腹部膨胀变大；雄性腹末端亦为椭圆形，腹板末端呈2个波峰状凸起。

分　　布：内蒙古鄂尔多斯市、呼伦贝尔市、兴安盟、锡林郭勒盟、卓资县。

117.豆长刺萤叶甲 *Atrachya menetriesii* (Faldermann, 1835)

形态特征：体长5.0～5.6mm，宽2.7～3.5mm。头（口器及头顶常为黑色）、前胸、腹部橙黄色，有时头的大部分黑褐色；中胸、后胸、触角（基部2～3节黄褐色）和足（股节端部和胫节基部常为淡色）黑褐色至黑色；鞘翅和小盾片颜色变异较大，鞘翅有时黄褐色，仅翅端和侧缘黑色，有时后端2/3黑色或全部黑色，在后两种情况下小盾片亦为黑色。前胸背板有时具5个褐色斑，即基部一横排3个、中部两侧各1个。

分　　布：内蒙古、宁夏、甘肃、青海、河北、山西、辽宁、吉林、黑龙江、江苏、浙江、福建、江西、湖北、湖南、广东、广西、四川、贵州、云南、西藏等地。

118.黑足黑守瓜 *Aulacophora nigripennis* Motschulsky, 1858

形态特征：体长6.0～7.0mm，宽3.0～4.0mm。体光亮，头、前胸及腹部橙黄色或橙红色，上唇、鞘翅、中胸和后胸腹板及侧板、各足均为黑色，触角灰黑色，小盾片栗黑色。头顶光滑；触角之间呈脊状隆起；触角向后达体长的2/3处。前胸背板基部狭窄，两侧中部之前圆阔；盘区具直横沟，仅前缘两侧具较粗深刻点。小盾片三角形，光滑无刻点。鞘翅肩角较突出，盘上刻点均匀。雄性腹部末端中部长方形，雌性弧凹。

分　　布：内蒙古、宁夏、陕西、甘肃、河北、山西、黑龙江、江苏、山东、浙江、安徽、福建、江西、湖北、湖南、四川、贵州、广东、广西、海南等地。

119. 平截锯角肖叶甲 *Clytra (Clytraria) truncatula* Wang & Zhou, 2011

形态特征：体长7.0 ～ 8.0mm，宽3.0 ～ 3.5mm。体长方形，棕色。头部黑色。前胸背板中部具1个近菱形大黑斑，两侧各有1个小黑圆斑。小盾片长三角形，黑色。每鞘翅有4个黑斑，肩胛有1个黑斑，翅端2个黑斑有时连接。

分　　布：内蒙古、宁夏、甘肃、山西。河北。

120.黑纹隐头叶甲 *Cryptocephalus limbellus semenovi* Weise, 1889

形态特征：体长3.2～4.5mm，宽1.8～2.2mm。体黑色；前胸背板前缘、侧缘和中后方有2个黄色斑；鞘翅淡黄色，中央有1条黑色宽纵纹，中缝亦为黑色。触角一般基部5节黄褐色到红褐色，其余黑色，或大部分黄褐色，仅末端1、2节黑色。足黄褐色或红褐色，股节端部乳白色。前胸背板横宽，中部高隆如球形，基部宽，端部窄，侧缘无明显敞边。鞘翅的刻点明显比前胸的粗大。

分　　布：内蒙古、黑龙江、吉林、河北、山西、甘肃、青海。

121. 褐足角胸肖叶甲 *Basilepta fulvipes* (Motschulsky, 1860)

形态特征：体长3.0 ~ 5.5mm，宽2.0 ~ 3.2mm。体卵形或近方形；体色变异较大，体背铜绿色，或头和前胸棕色，鞘翅绿色，或体棕红色等。触角丝状，棕红色，端部6 ~ 7节黑色或黑褐色，雌性达体长之半，雄性达体长的2/3，第3、第4节最细，两者长度相近或第3节稍短于第4节。前胸背板宽不及长的2倍，近六角形，两侧在基部之前突出，呈较锐或较钝的尖角。

分　　布：内蒙古、陕西、宁夏、黑龙江、辽宁、河北、山西、山东、江苏、浙江、江西、福建、台湾、湖北、湖南、广西、四川、贵州、云南等地。

122.中华萝藦肖叶甲 *Chrysochus chinensis* Baly, 1859

形态特征：体长7.2～13.5mm，宽4.2～7.0mm。体粗壮，长卵形，金属蓝色或蓝绿色、蓝紫色。头下口式；头部刻点或稀或密，或深或浅，一般唇基处的刻点较头其余部分的细密；头中央有1条细纵纹，有时不明显；触角的基部各有1个光滑而稍隆起的瘤。前胸背板长大于宽，盘区中部高隆，两侧低下，如球面；侧边明显，中部之前弧圆形，中部之后较直。鞘翅基部稍宽于前胸，肩胛和基部均隆起，二者之间有1条纵凹，基部之后有1条或深或浅的横凹。

分　　布：内蒙古、黑龙江、吉林、辽宁、河北、山西、陕西、青海、山东、江苏、浙江、河南、湖北等地。

（四十一）象甲科 Curculionidae

123.方格毛角象 *Ptochidius tessellatus* (**Motschulsky, 1860**)

形态特征：体长4.5～6.0mm。体壁黑褐色或红褐色，密覆灰白色鳞片，鞘翅上散布褐色斑点。头微窄于前胸，喙稍窄于额，无隆线；触角细而长，第1、第2索节长略相等，第2索节长与第3、第4索节长之和相近。前胸宽大于长，远窄于鞘翅，圆柱形，两侧略圆。鞘翅中间之后最宽，行间有1列刚毛。股节有齿。

分　　布：内蒙古、陕西、河北、黑龙江、吉林、辽宁、山西、四川、云南等地。

124.亥象 *Heydenia crassicornis* H. Tournier, 1874

形态特征：体长3.5～4.5mm，宽1.9～2.6mm。体卵状，球形，体壁黑色；触角、足黄褐色，发红，覆石灰色圆形鳞片。前胸有褐色纹3条。鞘翅行间4之间有褐斑1个，其后缘为弧形，长达鞘翅中间，褐斑的后边、外边形成1个较淡的斑点，2个斑之间呈1个"U"字形灰色条纹。

分　　布：内蒙古、河北、山西、陕西、甘肃、青海。

125.深洼齿足象 *Deracanthus (Deracanthus) jakovlevi jakovlevi* **Suvorov, 1908**

形态特征：体长8.0～11.0mm，宽4.0～6.0mm。背面密覆玫瑰色发黄的有金属光泽的鳞片。额洼很深，眼内缘隆线明显。鞘翅的刻点不深。股节腹面被白色长绵毛。

分　　布：内蒙古、宁夏、西藏。

126.西伯利亚绿象 *Chlorophanus sibiricus* Gyllenhal, 1834

形态特征：体长9.5 ～ 10.8mm。体梭形，黑色，密布淡绿色鳞片，前胸背板两侧和鞘翅第8行间鳞片黄色。喙短，长略大于宽，两侧平行，中隆线明显且延伸至头顶；触角沟指向眼，柄节长达眼前缘。前胸背板基部最宽，后角尖，两侧从基部至中间近平行。鞘翅行间刻点深，中间以后逐渐不明显，端部形成锐突。

分　　布：内蒙古、宁夏、河北、山西、辽宁、吉林、黑龙江、浙江、湖北、湖南、四川、陕西、甘肃、青海、新疆。

127.黄褐纤毛象 *Megamecus (Megamecus) urbanus* (Gyllenhal, 1834)

形态特征：体长10.0 ～ 15.0mm，宽3.7 ～ 4.1mm。体长椭圆形；密布黄褐色至黑褐色椭圆形鳞片，鳞片间的毛长远超过鳞片。喙长、宽近相等；喙的背隆线在眼前消失，中隆线延长至额；触角柄节几乎长达眼的后缘，索节1比索节2长得多，索节3 ～ 7宽大于长。小盾片三角形，后端钝圆。鞘翅外缘镶着1行鳞片和毛，行间扁平，各有2 ～ 3行伏毛。

分　　布：内蒙古、宁夏、河北、河南、四川、甘肃、青海、新疆。

128.黄柳叶喙象 *Diglossotrox mannerheimii* Lacordaire, 1863

形态特征：体长9.8～11.8mm，宽4.4～5.8mm。体宽卵形，黑色，覆褐色略光亮的圆形小鳞片和互相覆盖的石灰色短披针形大鳞片；头、喙覆乳白色圆形鳞片。复眼扁圆形。前胸背板宽大于长，散布刻点，有3条明显暗纹。小盾片三角形。鞘翅无肩。

分　　布：内蒙古、宁夏、陕西、甘肃、河北、辽宁、吉林等地。

129.甜菜象 *Asproparthenis punctiventris* (Germar, 1824)

形态特征：体长13.0～16.0mm，宽4.0～6.0mm。体黑色，被无色鳞粉而显灰白色。喙较短而突，末梢膨大，背面中间有明显纵脊，其两侧有沟；触角膝状，位于喙中部，柄节可置于槽内。前胸背板凹凸不平，有若干黑色纵隆条，中间有1条隆脊。每翅有10行纵列刻点及3个黑斑，后端黑斑端部有1个隆起的小白斑。

分　　布：内蒙古、宁夏、北京、河北、山西、黑龙江、山东、陕西、甘肃、新疆。

130.黑斜纹象 *Bothynoderes declivis* (Olivier, 1807)

形态特征：体长7.5 ～ 11.5mm。体梭形；黑色，覆白色至淡褐色披针形鳞片，前胸背板和鞘翅两侧各有1条互相衔接的黑色纹和1条白色纹，条纹在鞘翅中间前后被由白色鳞片组成的斜带所断。喙粗壮而略扁，短于前胸背板，中隆线前端2个分叉。前胸背板宽略大于长，基部略等于前端，前缘向后缢缩，后缘中叶突出，两侧直；背面具稀疏刻点，黑色条纹内有少量大刻点。鞘翅两侧平行，中部后略窄，顶端分别缩成小尖突。

分　　布：内蒙古、宁夏、北京、河北、辽宁、黑龙江、甘肃、青海、新疆。

131. 粉红锥喙象 *Conorhynchus pulverulentus* (**Zoubkoff, 1829**)

形态特征：体长约14.5mm，宽约5.8mm。体黑色，覆白色圆形鳞片，掺杂淡至暗褐色鳞片。下列部位具黄褐色发红的粉末：头顶；前胸两侧的带和基部中间的窝；鞘翅行间1，部分其他行间和纹，特别是行间7、行间8的中部；中胸、后胸两侧。前胸两侧白色，中区暗褐色，二者之间两侧各有1条灰暗至暗褐色发光的带，并延长至头部，在眼前形成1个三角形斑。鞘翅两侧白色，边缘有暗褐色点1行。喙向前缩，呈圆锥形。前胸向前缩窄，基部中间洼成窝。鞘翅两侧几乎平行，肩明显，端部向后逐渐降扁。

分　　布：内蒙古、宁夏、甘肃、青海、新疆。

132.帕氏舟喙象 *Scaphomorphus pallasi* (Faust, 1890)

形态特征：体长约13.0mm。体长纺锤形；浅黄色、黑褐色条带相间。喙浅黄色，中缝处有1条黑褐色线纹。前胸背板和鞘翅从中缝至边缘依次为黑褐色、浅黄色、黑褐色、浅黄色4条带。

分　　布：内蒙古、宁夏、山西、辽宁。

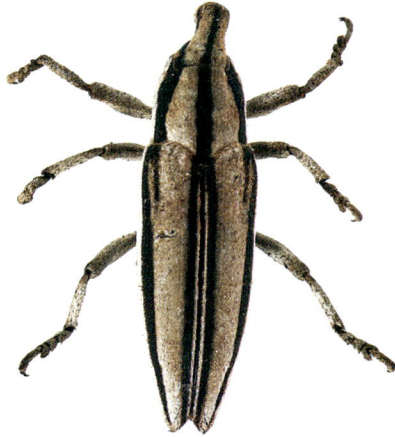

133.月斑冠象 *Stephanocleonus (Stephanocleonus) przewalskyi* **Faust, 1887**

形态特征：体长约11.0mm，宽约4.5mm。体椭圆形，背面隆凸；黑色，密布灰黄色箭状鳞片，腹面和足被粗长毛，散布黑色雀斑。喙直，不长于头，中隆线隆起，隆线两侧有浅沟，后端达额上，前端达触角窝。前胸背板两侧前端突然缩窄，基部中叶圆而两侧斜直；背面刻点大而深，其间散布小刻点。鞘翅肩明显，肩下有弓形黑斑，端部钝圆；行纹深，刻点被毛遮盖；盘区中间前、后有黑色光滑短斜带。

分　　布：内蒙古、宁夏、甘肃、青海、新疆。

134.沙蒿大粒象 *Adosomus sp.*

形态特征：体长17.0 ～ 21.0mm，宽6.0 ～ 7.6mm。体长椭圆形，体背有由黑色颗粒与白色针状鳞片形成的黑白相间纵条纹。喙与前胸等长，喙背面中央及两侧共具3条黑纹，间隔披白色针状鳞片。前胸背板有由黑色颗粒和白色针状鳞片形成的几条黑白相间的纵带，中央1条黑色最宽，被1条细白线隔开。鞘翅有黑色点刻，与白条纹呈不规则相间排列。

分　　布：内蒙古西部地区。

135. 平行大粒象 *Adosomus parallelocollis* **Heller, 1923**

形态特征：体长约16.0mm，宽约7.0mm。前胸背板宽大于长，基部直，两侧由基部至前端1/4处平行，端部突然变窄，形成横缢。鞘翅中间最宽，后端略窄，表面散布光滑颗粒，颗粒间被白色鳞毛，较长而宽的毛在肩与第3行之间形成斜带，在后半端形成不规则斑点。

分　　布：内蒙古、宁夏、北京、河北、辽宁、吉林、黑龙江、安徽、山东。

136.甜菜筒喙象 *Lixus subtilis* Boheman, 1836

形态特征：体长9.0～12.0mm。体黄褐色至黑紫色，被黄色鳞粉；鞘翅上散布不明显的灰色毛斑；触角和足跗节锈赤色。雄性喙长约为前胸的2/3，雌性约为4/5；触角第1节长于第2节。鞘翅具短而钝的翅端，两翅端部略开裂。

分　　布：内蒙古、北京、陕西、甘肃、新疆、黑龙江、吉林、辽宁、河北、山西、江苏、上海、安徽、浙江、江西、湖南、四川。

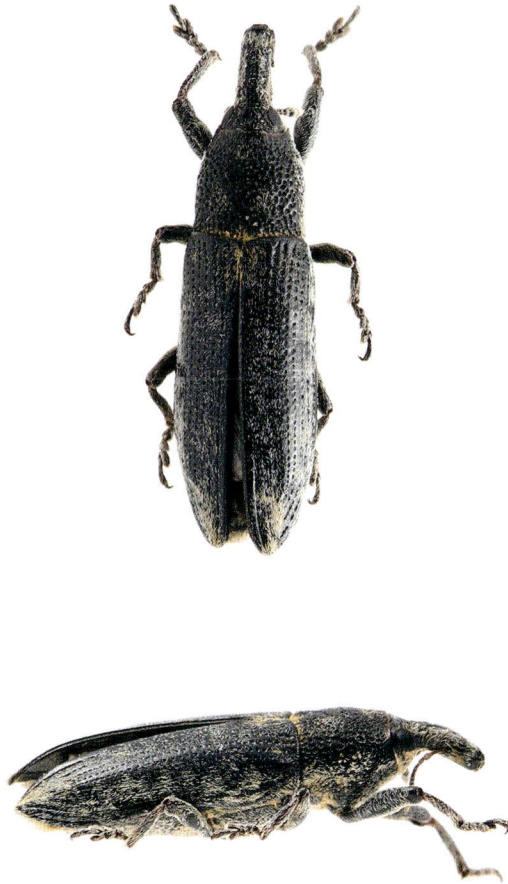

六、脉翅目 Neuroptera

（四十二）草蛉科 Chrysopidae

137.丽草蛉 *Chrysopa formosa* Brauer, 1850

形态特征：体长8.0～11.0mm，前翅长13.0～15.0mm，后翅长11.0～13.0mm。头部绿色，具9个黑褐色斑。前胸背板绿色，两侧有褐斑和黑色刚毛；基部有1道横沟，不达侧缘，横沟两端有"V"字形黑斑；中胸背板、后胸背板绿色，盾片后缘两侧近翅基处分别具1个褐斑。前翅前缘横脉列19条，黑褐色，翅痣浅绿色，内无脉；径横脉11条，近R_1（第1径脉）端褐色；Rs（径分脉）分支12支，第1、第2条褐色，第3、第4条近Psm（伪中脉）端褐色，余为绿色。后翅前缘横脉列15条，黑褐色；径横脉10条，近R_1端褐色。腹部绿褐色，背面具灰色毛，腹面多为黑色刚毛。

分　　布：内蒙古、陕西、山西、宁夏、甘肃、黑龙江、吉林、辽宁、河北、北京、天津、河南、山东、安徽、江苏、上海、四川、西藏。

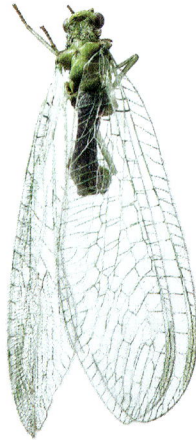

（四十三）蚁蛉科 Myrmeleontidae

138.浅蚁蛉 *Myrmeleon immanis* Walker, 1853

形态特征：雄性体长26.0 ～ 30.0mm，雌性28.0 ～ 30.0mm；雄性前翅长22.0 ～ 28.0mm，雌性25.0 ～ 28.0mm；雄性后翅长21.0 ～ 26.0mm，雌性24.0 ～ 26.0mm；雄性腹部长18.0 ～ 19.0mm，雌性17.0 ～ 19.0mm。头顶隆起；复眼铜绿色，有小黑斑；额黑色。前胸背板浅褐色，宽大于长，有许多白色长毛和短毛，中央和边缘黄色；中胸背板、后胸背板黑色，有一些隐约的褐色条纹，有稀疏的白色短毛。前翅前缘区略宽于R（径脉）与Rs的间距；Rs约10条分支；基径中横脉9条；Rs分叉点与痣下室之间的横脉约12条；前斑克氏线不明显，后斑克氏线清晰。后翅略短于前翅，前缘区略窄于R与Rs的间距；基径中横脉5条，前斑、后斑克氏线均不明显。腹部黑色，密生黑色短毛，各腹节边缘黄色。

分　　布：内蒙古、宁夏、甘肃、陕西、河北、河南、山东、福建、四川。

139.黑瑙蚁蛉 *Nohoveus atrifrons* Hölzel, 1970

形态特征：雌性体长22.0～26.0mm，前翅长23.0～27.0mm，后翅长21.0～25.0mm，腹部长16.0～17.0mm；雄性体长28.0～32.0mm，前翅长25.0～30.0mm，后翅长20.0～26.0mm，腹部长20.0～27.0mm。头大部分黄色，额黑色；触角黑色，触角窝上方中间有1个黄斑，触角窝间距约等于触角窝直径的1.5倍。前胸背板黄色，具3条黑色细长纵纹，且侧面2条不延伸至背板前缘；中胸背板与后胸背板黄色，各具3条粗短黑色纵纹。翅透明而宽大。前翅大部分翅脉黑黄相间；翅痣黄色；前斑、后斑克氏线清晰，黄色。后翅略短于前翅，翅脉颜色与前翅相似；翅痣黄色；前斑、后斑克氏线清晰。腹部背板黄色，具3条黑色纵纹，生有浓密白色长毛；腹板黑色，具1条黄色纵纹。

分　　布：内蒙古、北京、陕西、宁夏、甘肃、青海。

140.条斑次蚁蛉 *Deutoleon lineatus* (Fabricius, 1798)

形态特征：体长30.0～36.0mm，前翅长35.0～42.0mm，后翅长35.0～42.0mm，腹部长25.0～31.0mm。头顶黄色，具杂乱黑色条纹；触角各节黑黄相间，以黑色为主。前胸背板梯形，黄色；中央为1条宽大黑色纵纹，纵纹中央有1条很细的黄色条纹；背板侧缘各有1条清晰的黑色条纹。翅透明而狭长；前翅Sc（亚前缘脉）和R黑黄相间，其余部分黄色；后翅约与前翅等长，C（前缘脉）、Sc和R黑黄相间，其余部分黄色。

分　　布：内蒙古、北京、河北、河南、山东、山西、陕西、甘肃、宁夏、新疆、辽宁、吉林、广东等。

141. 飞幻蚁蛉 *Lopezus fedtschenkoi* **(McLachlan, 1875)**

形态特征：雄性体长25.0 ～ 29.0mm，雌性25.0 ～ 33.0mm；雄性前翅长25.0 ～ 31.0mm，雌性25.0 ～ 33.0mm；雄性腹部长18.0 ～ 21.0mm，雌性18.0 ～ 25.0mm。头略比胸部宽。额部黄色，具1道浅褐色中线，触角之间具黑色宽带；头顶较鼓起，黄色，中间具1个黑褐色纵带，头顶前部左、右各具1条较直的黑褐色小横带，头顶后部左、右各具1条折角状黑褐色带；前胸背板黄色，具3条黑色纵带。胸背面具稀少的毛。翅较窄长、透明；前翅前缘区宽于R与Rs的距离，基径中横脉3 ～ 6条，大都5条，Rs分支8 ～ 9条，前斑克氏线缺，后斑克氏线模糊；后翅略短于前翅，前缘区宽于R与Rs的距离，基径中横脉3 ～ 5条，Rs分支8 ～ 9条，克氏线缺。

分　　布：内蒙古、宁夏、甘肃、陕西。

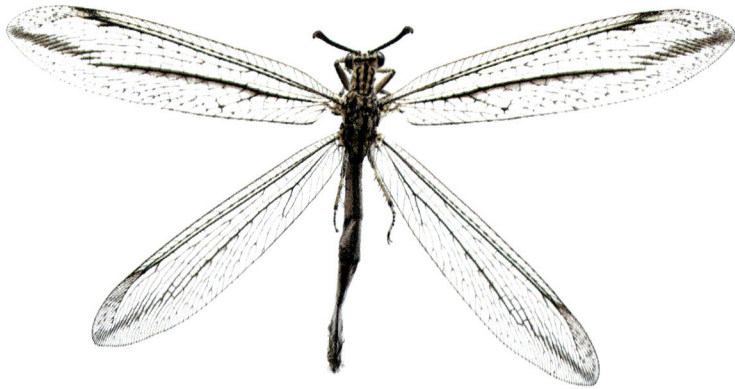

七、鳞翅目 Lepidoptera

（四十四）凤蝶科 Papilionidae

142.金凤蝶 *Papilio machaon* Linnaeus, 1758

形态特征：翅展71.0 ~ 79.0mm。触角黑色，末端膨大。体黑色，腹部黄色。翅正面黑色或黑褐色，前翅中室有2个黄斑；前翅外缘区有8个黄斑排成1列；中后区有1列纵斑，由小逐渐增大，第3斑例外。后翅亚臀角有1个红斑，外缘区有1列淡蓝色斑点；尾突长短不一。翅反面黄色，后翅蓝斑比前翅明显。

分　　布：中国大部分地区。

正面

反面

（四十五）粉蝶科 Pieridae

143.斑缘豆粉蝶 *Colias erate* (Esper, 1805)

形态特征：翅展41.0～53.0mm。触角呈棍棒状，橘黄色，顶端钝。雄性翅正面黄色，前翅中室端有1个小圆黑斑；翅外缘有宽阔的黑带，黑带镶嵌着1列黄斑。后翅中室端有1个橙黄色斑点，外缘有黑斑连成1条线。翅反面黄色，翅外缘有黄褐色框。前翅外中区有3个黑点；中室端有1个圆形黑斑，有时斑为空心。后翅中室端有1个白色黑斑。两性异形，雌蝶翅白色，易于辨认。

分　　布：内蒙古、西藏、新疆。

正面（雌）

反面（雌）

正面（雄）

反面（雄）

144.菜粉蝶 *Pieris rapae* (Linnaeus, 1758)

形态特征：翅展40.0 ～ 46.0mm。触角黑色，末端膨大，长度略短于前翅中室。背部黑色，腹部白色。头大，额区有白色长毛。眼大，裸露，呈褐色。雄蝶翅正面粉白色，上布黑色斑点。前翅呈长三角形，顶角有1块三角形黑斑；M_3（第3中脉）室中部有1个黑斑；基部和前缘较暗。后翅前缘有1个黑斑。翅反面呈淡黄色，斑纹和正面类似，只是前翅后缘多1个黑斑。雌性斑纹与雄性相似，但是颜色更深，易于辨认。

分　　布：国内大部分地区。

145.云粉蝶 *Pontia edusa* (Fabricius, 1777)

形态特征：翅展30.0 ～ 46.0mm。触角顶端黄褐色。额区密被白色长毛，眼睛裸露，棕褐色。翅正面粉白色，前翅中室端有1个黑斑，内有白色细线将其分割，顶角外缘有几个黑斑组成花纹状；翅反面前翅和正面斑纹相似，但中室基半部覆黄绿色鳞片，Cu$_2$（第2肘脉）室有1个黑斑。后翅满布黄绿色斑点，呈三角形或圆形。雌性前翅正面Cu$_2$中域有1个黑斑。

分　　布：国内大部分地区。

正面

反面

（四十六）蛱蝶科 Nymphalidae

146.牧女珍眼蝶 *Coenonympha amaryllis* (Stoll, 1782)

形态特征：翅展约31.0mm。翅体黄褐色，翅边缘有黑褐色圈。前翅正面亚外缘有4个不清晰的斑点；后翅正面亚外缘有6个斑点。前翅反面亚外缘有4个眼斑，外缘有灰带；后翅反面覆黑色鳞片，有6个眼斑，眼斑周围有白色条纹。

分　　布：内蒙古、宁夏、黑龙江、河南、浙江、新疆。

147.寿眼蝶 *Pseudochazara hippolyte* (Esper, 1783)

形态特征：翅展约45.0mm。触角末端膨大，呈锤棒状。前翅基部至中区灰褐色，中室有1条黑带；亚外缘有1条黄褐色宽带，带中有2个白瞳眼斑。后翅灰褐色，亚外缘有1条黄褐色条带，靠近臀区有1个小眼斑。翅反面浅褐色斑纹和正面相似，前翅中室端有1条黑带，后翅有4条黑色的波纹带。

分　　布：内蒙古、陕西、新疆。

正面

反面

148. 玄裳眼蝶 *Satyrus ferula* Fabricius, 1793

形态特征：体中大型。翅黑色。前翅亚外缘有2个深黑色眼斑，2个眼斑之间有2个小白点。后翅反面外缘和中部各有1条灰白色横带。

分　　布：内蒙古、新疆。

正面

反面

149. 大红蛱蝶 *Vanessa indica* (Herbst, 1794)

形态特征：体中型。翅黑褐色，外缘波状。前翅M_1（第1中脉）外伸呈角状，翅顶角处有几个小白点，亚顶角斜列4个白斑，其中1个靠近外缘侧，中间有1条橙红色宽带。后翅暗褐色，外缘红色，内有4个黑斑排成1列，内侧还有1列黑斑。前翅反面顶角茶褐色，前缘中部有蓝色细横纹。后翅反面有茶褐色云状斑纹，外缘有4枚模糊的眼斑。

分　　布：中国广泛分布。

正面

反面

150.小红蛱蝶 *Vanessa cardui* (Linnaeus, 1758)

形态特征：翅展45.0～50.0mm。前翅顶角附近黑色，内有5个大小不等的白斑；后半部橘红色，内有3个形状不规则的黑斑倾斜排列；基部及后缘密布褐色的鳞。后翅基部及外缘暗褐色，密布褐色的鳞；端半部橘红色；外缘脉端有黑色斑点，亚缘有2列黑斑，其中内侧黑斑较大且圆整。前翅反面斑纹同正面相似，但顶角为青褐色，中间为鲜红色。后翅反面黄褐色，密布不规则的褐色纹；中室端外有1个近三角形的白斑；亚缘内侧有5个中心为青色的眼斑；外缘有1条淡紫色带。

分　　布：中国广泛分布。

正面

反面

151.黄钩蛱蝶 *Polygonia c-aureum* (Linnaeus, 1758)

形态特征：体中型。前翅中室内有3个黑褐斑。后翅中室基部有1个黑点。前翅后角和后翅M_2（第2中脉）、Cu_1（第1肘脉）、Cu_2室外端的黑斑上有蓝色鳞片。翅外缘角突尖锐。

分　　布：除西藏外全国广泛分布。

正面

反面

152.柳紫闪蛱蝶 *Apatura ilia* (Denis & Schiffermüller, 1775)

形态特征：翅展59.0～64.0mm。翅黑褐色，翅膀在阳光下能闪烁强烈的紫光。前翅约有10个白斑，中室内有4个黑点；腹面有1个黑色蓝瞳眼斑，周围有棕色框。后翅中央有1条白色横带，并有1个与前翅相似的小眼斑；腹面白色带上端很宽，下端尖削成楔形带，中室端部尖出显著。

分　　布：内蒙古、陕西、山西、宁夏、甘肃、黑龙江、吉林、辽宁、河北、河南、山东、安徽。

正面

反面

（四十七）灰蝶科 Lycaenidae

153.橙灰蝶 *Lycaena dispar* (Haworth, 1803)

形态特征：中小型灰蝶。两性异形。雄蝶翅正面除外缘有黑带及黑点外，基本为橙黄色或朱红色，后翅外缘黑带与内侧的黑点相合。前翅反面淡黄色，前缘和外缘灰色，亚缘有2列整齐的黑斑，中室基部、中部和端部各有1个黑点；后翅反面灰褐色，基部蓝灰色，除橙黄色亚缘带外，有3列整齐的黑点，内列顶端2个斑排列不齐，基半部有5个黑点。雌蝶翅缘、亚缘及中域黑斑排列整齐，翅反面斑纹排列基本同雄蝶，但中域黑点排列不太整齐。

分　　布：内蒙古、黑龙江、辽宁、陕西、西藏。

正面（雄）

反面（雄）

154.红珠灰蝶 *Lycaeides argyrognomon* (Bergstrasser, 1779)

形态特征：翅展30.0 ~ 32.0mm。两性异形。雄性翅正面深蓝色，翅外缘有黑褐色边框。雌性翅正面黑褐色，后翅外缘带有1列深红色新月斑。翅反面浅褐色，前翅有3纵列近似平行的黑斑，内侧1列黑斑颜色最深；中室末端有1条短黑带。后翅亚外缘有1条黑斑带，带中镶嵌深红色新月形斑；中室端有1条窄黑斑。

分　　布：内蒙古、黑龙江、吉林、辽宁、新疆、四川、陕西、山西、甘肃等地。

正面（雄）

反面（雄）

正面（雌）

反面（雌）

（四十八）草螟科 Crambidae

155. 草地螟 *Loxostege sticticalis* (Linnaeus, 1761)

形态特征：翅展24.0 ～ 26.5mm。前翅棕褐色，夹杂着污白色鳞片；中室圆斑扁圆形，黑褐色，中室端斑肾形，黑褐色，二者之间是平行四边形的淡黄色斑；后中线黑褐色，略呈锯齿状，出自前缘4/5处，在CuA$_1$（第1前肘脉）后内折至CuA$_2$（第2前肘脉）中部，达后缘2/3处；亚外缘线是淡黄色带，被翅脉断开；外缘线和缘毛黑褐色。后翅褐色；后中线黑褐色，外缘伴随着淡黄色线；亚外缘线黄色；外缘线黑褐色。

分　　布：内蒙古、北京、吉林、河北、山西、陕西、宁夏、甘肃、青海、江苏。

156. 旱柳原野螟 *Euclasta stoetzneri* (Caradja, 1927)

形态特征：雄蛾体长12.0～15.0mm，翅展27.0～32.0mm；雌蛾体长15.0～18.0mm，翅展31.0～34.0mm。头部褐色，额区复眼间有3条白线纹，两侧的2条白线纹直通向触角背面。前翅灰褐色，中室下部白色，形成宽白色纵带；沿翅脉褐色，两侧灰白色，形成多条纵纹。后翅灰白色，向外缘渐呈褐色，在外缘形成1条较宽的横带。

分　　布：内蒙古、宁夏、甘肃、黑龙江、河南、山西、湖北等地。

正面

反面

157.四斑绢丝野螟 *Glyphodes quadrimaculalis* (Bremer & Grey, 1853)

形态特征：翅展31.5 ～ 38.0mm。胸、腹部背面及前翅黑色。前翅具4个白斑，最外侧白斑下方有5个小白斑排成与外缘近平行的1列；缘毛灰褐色；臀角处白色。后翅白色，半透明；外缘有1条黑色宽带；缘毛灰褐色，近臀角处白色。

分　　布：内蒙古、黑龙江、吉林、陕西、宁夏、河北、天津、山东、浙江、福建、河南、湖北、广东、四川、云南、贵州。

正面

反面

（四十九）木蠹蛾科 Cossidae

158.榆木蠹蛾 *Holcocerus vicarius* Walker, 1865

形态特征：体粗壮，雄性体长23.0～34.0mm，翅展57.0～68.0mm；雌性体长20.0～40.0mm，翅展68.0～87.0mm。前翅灰褐色；前缘基部2/3、中室及中室下方基部1/3为煤黑色。后翅浅灰色，翅面无明显条纹。足胫节有1对距；后足胫节有2对距，中距位于端部1/4处；后足基跗节膨大，中垫退化。

分　　布：内蒙古、黑龙江、吉林、辽宁、河北、北京、天津、陕西、山西、宁夏、甘肃、河南、山东、安徽、江苏、上海、四川、云南、广西。

正面

反面

（五十）蚕蛾科 Bombycidae

159.野桑蚕 *Bombyx mandarina* (Moore, 1872)

形态特征：体长10.0～20.0mm，翅展31.0～47.0mm。体、翅灰褐色。前翅横线明显，中室处具1个肾形纹；顶角及外缘具褐色边。后翅后缘中央具1个新月形黑色或棕黑色斑，外围白色。

分　　布：内蒙古、北京、陕西、甘肃、辽宁、吉林、河北、山西、河南、山东、江苏、安徽、浙江、江西、湖北、湖南、广东、广西、云南。

正面

反面

（五十一）天蛾科 Sphingidae

160.榆绿天蛾 *Callambulyx tatarinovi* (Bremer et Grey, 1853)

形态特征：翅展75.0 ～ 79.0mm。翅面绿色，胸、背墨绿色。前翅前缘顶角有1块较大的三角形深绿色斑；内横线外侧连成1块深绿色斑；外横线呈2条弯曲的波状纹；翅的反面近基部后缘淡红色。后翅红色，近后角墨绿色，外缘淡绿色；翅反面黄绿色。腹部背面粉绿色，每节后缘有棕黄色横纹1条。

分　　布：内蒙古、宁夏、河北、河南、山东。

正面

反面

161. 黄脉天蛾 *Laothoe amurensis sinica* (Rothschild & Jordan, 1903)

形态特征：雌蛾体长33.0 ～ 44.0mm，翅展89.0 ～ 92.0mm；雄蛾体长32.0 ～ 46.0mm，翅展88.0 ～ 92.0mm。体、翅棕灰色，翅脉黄色且明显。触角棕灰色，主干背面白色；雌蛾触角细栉齿状，雄蛾触角较粗，双栉齿状。前翅外缘波状，斑纹不明显；内横线、中横线、外横线波状，棕黑色；翅中部有较宽的褐色横带，停息时后翅前半部露出前翅前缘外。雌蛾腹末锐尖，雄蛾腹末钝圆。

分　　布：内蒙古、宁夏、甘肃、黑龙江、河南、安徽、西藏。

正面

反面

162. 枣桃六点天蛾 *Marumba gaschkewitschi* (Bremer et Grey, 1853)

形态特征：体长约42.0mm，翅展约115.0mm。体、翅灰褐色略带紫色；复眼黑褐色；触角淡灰褐色；胸部背板棕色，正中有深棕色纵纹。前翅内横线、外横线由3条带组成，3条带间色稍淡，近外缘部分黑褐色，边缘波状，近后角处有深褐色短纹，其前有1个黑斑。后翅粉红色，近后角处有2个黑斑。

分　　布：内蒙古、河北、河南、山东、山西、陕西、宁夏、辽宁、四川、湖南、江西、浙江、江苏。

正面

反面

163.蓝目天蛾 *Smerinthus planus* Walker, 1856

形态特征：体长约36.0mm，翅展80.0～90.0mm。体灰黄色。前翅狭长，翅面有波浪纹；中室有浅色新月形斑1个。后翅浅灰褐色，中央紫红色，有深蓝色大圆斑1个，其周围为黑色环。

分　　布：内蒙古、宁夏、甘肃、黑龙江、辽宁、吉林、河南。

正面

反面

164.八字白眉天蛾 *Hyles lineata livornical* (Esper, 1780)

形态特征：体长25.0 ～ 30.0mm，翅展75.0 ～ 80.0mm。头、胸两侧有白条；前胸背白绒毛呈"八"字形斑；腹部1 ～ 3节两侧有黑色、白色环斑，背中及两侧有银白点，各节间有棕色、白色环。前翅前缘茶褐色；顶角至后缘近基部有倾斜的淡黄色带；斜带下方有较宽的褐绿色带；外缘灰白色，翅脉黄白色；中室端有近三角形白斑1个。后翅基部黑色，前缘污黄色，中央有暗红色带；亚前缘线黑带状；臀角内侧有白斑。

分　　布：内蒙古、黑龙江、宁夏。

正面

反面

（五十二）枯叶蛾科 Lasiocampidae

165.黄褐幕枯叶蛾 *Malacosoma neustria testacea* (Motschulsky, 1861)

形态特征：雄蛾翅展24.0 ～ 32.0mm，雌蛾29.0 ～ 39.0mm。雄蛾全体黄褐色；前翅中央有2条深褐色横线纹，两线纹间颜色较深，形成褐色宽带，宽带内、外侧均衬以淡色斑纹；后翅中间呈不明显的褐色横线。雌蛾体、翅呈褐色，腹部色较深；前翅中间的褐色宽带内、外侧呈淡黄褐色横线纹；后翅淡褐色，斑纹不明显。

分　　布：内蒙古、北京、黑龙江、吉林、辽宁、河北、山西、陕西、甘肃、河南、山东、江苏、安徽、浙江、湖南、江西、四川。

正面

反面

（五十三）尺蛾科 Geometridae

166.山枝子尺蛾 *Aspitates geholaria* Oberthür, 1887

形态特征： 翅展34.0 ~ 37.0mm。体、翅白色，有丝绢光泽。前翅狭长，前缘散布褐色鳞片，线纹黑褐色；内线波曲；中点黑褐色；外线较直，脉上色深，与外缘近平行；亚缘线不完整，前端不达前缘；缘线在脉端略有断离。后翅中点清晰，外线在翅脉外凸成小齿。

分　　布： 内蒙古、河北、吉林、辽宁、陕西、山东。

正面

反面

167.肖二线绿尺蛾 *Thetidia chlorophyllaria* (Hedemann, 1879)

形态特征：前翅长15.0～17.0mm。前翅、后翅外缘光滑，翅面绿色，线纹白色。前翅前缘白色，内线浅弧形，外线直，无中点。后翅几乎无斑纹，隐见微小绿色中点，亚缘线细弱白色，极近外缘并平行。两翅无缘线，缘毛基半部绿色，端半部白色。

分　　布：内蒙古、河北、黑龙江、吉林、陕西、青海、山东、四川。

168.褐线尺蛾 *Alcis castigataria* (Bremer, 1864)

形态特征：翅展33.0 ～ 34.0mm。体、翅灰白色至黄白色，密布小褐点。线纹深褐色，内线弧形弯曲；中线在前缘为1个褐斑，其后不清晰，与内线近平行；外线色深，与外缘近平行；亚缘线端部为深褐色大斑，其后色浅并向内弧形弯曲，中部接近外线，该处似1条褐色带。后翅外线显著，亚缘线明显或较淡，中部外凸成1个尖角。

分　　布：内蒙古、河北、北京、吉林、甘肃。

正面

反面

（五十四）裳蛾科 Erebidae

169.人纹污灯蛾 *Spilarctia subcarnea* (Walker, 1855)

形态特征：翅展40.0 ~ 52.0mm。前足基节侧面和股节上方红色；腹背除基节与端节外为红色，背面及两侧有黑点。前翅黄白色染肉色，通常在后缘基部有1个内线点；中室上角通常有1个黑点；从翅中间至后缘有1斜列黑色外线点，有时减少至1个黑点。后翅红色或白色，缘毛白色。

分　　布：内蒙古、河北、黑龙江、吉林、陕西、山东、安徽、浙江、福建、广东、广西、四川、贵州、云南。

正面

反面

170.侧柏毒蛾 *Parocneria furva* (Leech, 1888)

形态特征：雄性翅展20.0 ～ 27.0mm，雌性26.0 ～ 34.0mm。雄蛾体和翅棕黑色；前翅斑纹黑色，纤细，不显著；内横线在中室后方Cu_2处向外折角；外横线与亚端线呈锯齿状折曲，在M_1后方和Cu_2后方内折角明显；缘毛棕黑色与灰色相向。雌蛾色较浅，翅微透明，斑纹清楚。

分　　布：内蒙古、河北、江苏、浙江、四川、湖南、湖北、山东、河南、青海、广西。

171.杨雪毒蛾 *Leucoma candida* (Staudinger, 1892)

形态特征：雄性翅展35.0 ~ 42.0mm，雌性48.0 ~ 52.0mm。体、翅白色，不透明，触角主干黑白相间，栉齿灰褐色。足胫节和跗节具黑白相间的环纹。

分　　布：内蒙古、宁夏、甘肃、北京、黑龙江、河南、安徽、四川、湖北、福建。

正面

反面

172. 茂裳夜蛾 *Catocala doerriesi* Staudinger, 1888

形态特征：翅展约60.0mm。前翅灰棕色杂灰色，臀褶基部具1条黑纹；亚基线、内线、外线黑色，内线双线波浪形；肾纹褐灰色，中有黑环，后方有1个黑边灰白斑；外线锯齿形，在臀褶内伸成1个黑纵条，线内侧具1个白纹；亚缘线白色，锯齿形；缘线具1列黑点。后翅黄色，中带、端带黑棕色，臀褶有1个黑纵条，从翅基部伸达中带。

分　　布：内蒙古、河北、黑龙江、河南、湖北。

正面

反面

173.裳夜蛾 *Catocala nupta* (Linnaeus, 1767)

形态特征：翅展70.0～74.0mm。前翅黑灰色带褐色；亚基线、内线双线黑褐色，线间灰色；中线褐色，波浪形，内侧与内线间为浅灰色；肾纹黑边，中有黑纹，前方有1个黑褐色斜纹，后方有1个由外线内伸形成的白色椭圆回纹；外线黑褐色，锯齿形；亚缘线黑色，锯齿形，稍间断；缘线黑色，间断。后翅红色，中带、端带黑色，端带外缘不达顶角。

分　　布：内蒙古、河北、黑龙江、吉林、新疆、福建、四川、西藏。

正面

反面

174. 平影夜蛾 *Lygephila (Lygephila) lubrica* (Freyer, 1846)

形态特征：翅展约43.0mm。头部黑色；胸部背面灰色，颈板黑色；跗节外侧黑褐色，各节间有灰色斑。前翅灰色，密布黑褐色细纹；外横线外方带褐色；内横线粗，有间断，后段细，黑色，稍外斜；肾纹褐色，边缘有一些黑点；中横线模糊，褐色，自前缘脉外斜至中室前缘，在中室后微内弯；外线不明显，褐色；翅外缘有1列黑点。后翅黄褐色，端区黑褐色似带状。腹部灰色，杂有少许黑色。

分　　布：内蒙古、新疆、河北、山西、陕西。

正面

反面

175.古妃夜蛾 *Drasteria tenera* Staudinger, 1877

形态特征：体长约13.0mm，翅展约33.0mm。头部及胸部黑褐色杂灰白色；腹部灰色。前翅灰色，布有黑色细点；肾纹灰色黑边；中室上有1个暗黄斑；外线黑色锯齿形，外线内侧明显暗黄色；外线外方黑棕色；端线黑色。后翅白色，外半黑褐色，$M_3 \sim Cu_1$ 端有1个黑色圆斑，其周围为白色。

分　　布：内蒙古、新疆。

正面

反面

176.苹梢鹰夜蛾 *Hypocala subsatura* Guenée, 1852

形态特征：翅展38.0 ~ 42.0mm。头与胸部灰褐色。前翅红棕色带灰色，密布黑棕色细点；内横线棕色，波浪形外弯；肾纹不清晰，可见黑边；外横线黑棕色，波浪形，自前缘脉后外斜，在R_5（第5径脉）处折向后并内弯于中褶，在M_3后内伸至肾纹并折向后垂；亚端线棕色。后翅黄色，横脉纹大，亚中褶具1个黑纵条，端区具1个黑宽带。腹部黄色，有黑横条。

分　　布：北京、内蒙古、辽宁、甘肃、河北、陕西、山东、河南、江苏、浙江、福建、广东、海南、西藏、云南。

正面

反面

（五十五）夜蛾科 Noctuidae

177.白边切夜蛾 *Euxoa karschi* (Graeser, 1890)

形态特征：体长约17.0mm，翅展约43.0mm。头部褐色，胸部红褐色，腹部灰褐色。前翅狭长，灰褐色至红褐色，前缘有明显的灰白色宽边；中室后缘有白线；剑纹黑色；环纹及肾纹灰白色，极明显；亚端线淡色，至外缘部分呈黑褐色；缘毛褐色。后翅褐色，外缘颜色更浓；中室端有细褐纹；缘毛灰白色。

分　　布：内蒙古、黑龙江、吉林、河北、四川、云南、西藏。

正面

反面

178.宽胫夜蛾 *Protoschinia scutosa* (Denis et Schiffermüller, 1775)

形态特征：体长11.0～15.0mm，翅展31.0～35.0mm。头部及胸部灰棕色，腹部灰褐色。前翅灰白色，大部分有褐色点；基线黑色，只达亚中褶；内线黑色，波浪形，后端内斜；剑纹大，褐色，具黑边；环纹褐色，具黑边；肾纹褐色，具黑边，中央具1个淡褐色曲纹；外线黑褐色，外斜至M_3前折角内斜；亚端线黑色，不规则锯齿形；外线与亚端线间为褐色，呈1条曲折宽带；端线为1列黑点。后翅黄白色，翅脉及横脉纹黑褐色，外线黑褐色。

分　　布：内蒙古、辽宁、陕西、甘肃、青海、河北、山东、江苏、湖南等地。

正面

反面

179. 晃剑纹夜蛾 *Acronicta leucocuspis* (Butler, 1878)

形态特征：翅展39.0 ～ 44.0mm。头、胸灰褐色；颈板、翅基片有黑纹。前翅浅褐灰色；基部剑纹黑色；基线、内线、外线均为双线；环纹白色，具黑边，肾纹褐色，有白环，两纹间有1条黑线；肾纹前有1个黑条；端部剑纹黑色。后翅浅褐色，叮见外线。

分　　布：内蒙古、河北、山东、云南。

正面

反面

180.糜夜蛾 *Senta flammea* (Curtis, 1828)

形态特征：翅展约30.0mm。头、胸浅灰黄色；前翅浅黄色微带灰色，后半布有细黑褐点，1条黑褐色纵纹沿中室后缘伸至亚端区，与自顶角内斜的黑褐色纹相合，翅脉纹白色衬褐色，各脉间另有褐色纵纹，外线为1列黑点。后翅黄白色，中褶及顶角微褐色。腹部灰黄色。雄蛾抱钩三叉形，阳茎粗长，有针毛形角状器。

分　　布：内蒙古、黑龙江、吉林、湖南、海南。

正面

反面

181.棉铃虫 *Helicoverpa armigera* (Hübner, 1808)

形态特征：体长14.0～18.0mm，翅展30.0～38.0mm。头、胸青灰色或淡灰褐色。前翅青灰色、淡灰褐色或微赭色。前翅基线双线不清晰；内线双线褐色，呈锯齿形；环纹圆形，具褐色边，中央具1个褐点色斑；肾纹褐色边，中央具1个深褐色肾形斑；中线褐色，微呈波浪形；外线双线锯齿形，向外的各齿尖外缘均有白点；亚端线锯齿形，与外线间为褐色，成1条明显的宽褐色带；端区各脉间有小黑点。后翅灰白色或褐色；翅脉深褐色；端区棕褐色较宽。

分　　布：全国广泛分布。

正面

反面

182.小地老虎 *Agrotis ipsilon* (Hufnagel, 1766)

形态特征：体长约20.0mm，翅展约50.0mm。体灰褐色。前翅面上的环状纹、肾纹和剑纹均为黑色，明显易见；肾纹外侧具1条黑色楔形纹，指向外缘；亚缘线上具2条黑色楔形纹，指向内侧。后翅灰白色。

分　　布：全国广泛分布。

正面

反面

183.暗地夜蛾 *Agrotis scotacra* (Filipjev，1927)

形态特征：体长14.0 ～ 19.0mm，翅展32.0 ～ 43.0mm。全体黄褐色。前翅肾形纹、环形纹均甚明显。后翅灰白色。

分　　布：全国广泛分布。

184.旋歧夜蛾 *Anarta trifolii* (Hufnagel, 1766)

形态特征：翅展31.0 ~ 38.0mm。头、胸灰褐色。前翅灰色带浅褐色，基横线、内横线及外横线均为黑色双线；外横线锯齿形；剑纹褐色，环纹灰黄色，肾纹灰色，均围黑边线；亚端线暗灰色，在 Cu_1、M_3 为大锯齿形，线内方 $Cu_2 ~ M_3$ 具黑齿纹。后翅白色带污褐色。腹部黄褐色。

分　　布：内蒙古、北京、河北、甘肃、宁夏、青海、西藏、新疆。

正面

反面

185.黄条冬夜蛾 *Cucullia biornata* Fischer de Waldheim, 1840

形态特征：体长约21.0mm，翅展约46.0mm。头部黄白色杂暗褐色；胸部灰色杂暗褐色，颈板有2条黑棕色细线；腹部褐灰色。前翅褐灰色，翅脉黑棕色，亚中褶及中室外半部明显淡黄色，亚中褶基部有1条黑纵线，内线及外线黑棕色，仅在亚中褶后可见深锯齿形，端区各脉间有褐线及淡黄色细纵线。后翅黄白色，端区微带褐色。

分　　布：内蒙古、河北、辽宁、新疆等地。

正面

反面

PART 3 | 第三部分

草原毒害草

一、豆科 Leguminosae

（一）槐属 *Sophora*

1.苦豆子 *Sophora alopecuroides* L.

形态特征：多年生草本。高30.0～60.0cm，最高可达1.0m，全体呈灰绿色。根发达，粗壮；质坚硬，外皮红褐色而有光泽。茎直立，分枝多呈帚状；枝条密生灰色平伏绢毛。单数羽状复叶，长5.0～15.0cm，小叶11～25片；托叶小，钻形；叶轴密生灰色平伏绢毛；小叶矩圆状披针形、矩圆状卵形、短圆形或卵形，长1.5～3.0cm，宽5.0～10.0mm，先端锐尖或钝，基部近圆形或楔形，全缘，两面密生平伏绢毛。总状花序顶生，长10.0～15.0cm；花多数，密生，花梗较花萼短；苞片条形，较花梗长；花萼钟形或筒状钟形，长5.0～8.0mm，密生平伏绢毛，萼齿三角形；花冠黄色，长15.0～17.0mm；旗瓣矩圆形或倒卵形，长17.0～20.0mm，基部渐狭成爪；翼瓣矩圆形，稍短于旗瓣，有耳和爪，龙骨瓣与翼瓣等长；雄蕊10枚，离生；子房有毛。荚果串珠状，长5.0～12.0cm，密生短细而平伏的绢毛，有种子3颗至多颗。种子宽卵形，长4.0～5.0mm，黄色或淡褐色。花期5—6月，果期6—8月。

分　　布：内蒙古、山西、陕西、宁夏、甘肃、青海、新疆、河南、西藏。

（二）野决明属 *Thermopsis*

2.披针叶黄华 *Thermopsis lanceolata* R. Br.

形态特征：多年生草本。高可达40.0cm。茎直立，分枝或单一，具沟棱，被黄白色贴伏或伸展柔毛。小叶3枚；叶柄短，长3.0～8.0mm；托叶叶状，卵状披针形，先端渐尖，基部楔形，长1.5～3.0cm，宽4.0～10.0mm，上面近无毛，下面被贴伏柔毛；小叶狭长圆形、倒披针形，长2.5～7.5cm，宽5.0～16.0mm，上面通常无毛，下面多少被贴伏柔毛。总状花序顶生，长6.0～17.0cm，具花2～6轮，排列疏松；苞片线状卵形或卵形，先端渐尖，长8.0～20.0mm，宽3.0～7.0mm，宿存；萼钟形长1.5～2.2cm，密被毛，背部稍呈囊状隆起，上方2个齿连合，呈三角形，下方萼齿披针形，与萼筒近等长。花冠黄色，旗瓣近圆形，长2.5～2.8cm，宽1.7～2.1cm，先端微凹，基部渐狭成瓣柄，瓣柄长7.0～8.0mm，翼瓣长2.4～2.7cm，先端有长为4.0～4.3mm的狭窄头，龙骨瓣长2.0～2.5cm，宽为翼瓣的1.5～2.0倍；子房密被柔毛，具柄，柄长2.0～3.0mm，胚珠12～20粒。荚果线形，长5.0～9.0cm，宽7.0～12.0mm，先端具尖喙，被细柔毛，黄褐色，种子6～14粒，位于中央。种子圆肾形，黑褐色，具灰色蜡层，有光泽，长3.0～5.0mm，宽2.5～3.5mm。花期5—7月，果期6—10月。

分　　布：内蒙古、河北、山西、陕西、宁夏、甘肃。

（三）苦马豆属 *Sphaerophysa*

3.苦马豆 *Sphaerophysa salsula* (Pall.) DC.

形态特征：多年生草本。高20.0 ～ 60.0cm。茎直立，具开展的分枝。全株被灰白色短伏毛。单数羽状复叶，小叶13 ～ 21片；托叶披针形，长约3.0mm，先端锐尖或渐尖，有毛，小叶倒卵状椭圆形或椭圆形，长5.0 ～ 15.0mm，宽3.0 ～ 7.0mm，先端圆钝或微凹，有时具1枚小刺尖，基部宽楔形或近圆形，两面均被平伏的短柔毛，有时上面毛较少或近无毛；小叶柄极短。总状花序腋生，比叶长，总花梗有毛；花梗长3.0 ～ 4.0mm；苞片披针形，长约1.0mm；花萼杯状，长4.0 ～ 5.0mm，有白色短柔毛，萼齿三角形；花冠红色，长12.0 ～ 13.0mm，旗瓣圆形，开展，两侧向外翻卷，顶端微凹，基部有短爪，翼瓣比旗瓣稍短，矩圆形，顶端圆，基部有爪及耳，龙骨瓣与翼瓣近等长；子房条状矩圆形，有柄，被柔毛，花柱稍弯，内侧具纵列须毛。荚果宽卵形或矩圆形，膜质，膀胱状，长1.5 ～ 3.0cm，直径1.5 ～ 2.0cm，有柄。种子肾形，褐色。花期6—7月，果期7—8月。

分　　布：吉林、辽宁、内蒙古、河北、山西、陕西、宁夏、甘肃、青海、新疆。

（四）棘豆属 *Oxytropis*

4.小花棘豆 *Oxytropis glabra* (Lam.) DC.

形态特征：多年生草本。高20.0～30.0cm。茎伸长，匍匐，上部斜升，多分枝，疏被柔毛。单数羽状复叶，长5.0～10.0cm，具小叶（5）11～19枚；托叶披针形、披针状卵形、卵形以至三角形，长5.0～10.0mm，草质，疏被柔毛，彼此分离或基部与叶柄连合；小叶披针形、卵状披针形、矩圆状披针形以至椭圆形，长（5.0）10.0～20.0（30.0）mm，宽3.0～7.0（10.0）mm，先端锐尖、渐尖或钝，基部圆形，上面疏被平伏的柔毛或近无毛，下面被疏或较密的平伏柔毛。总状花序腋生，花排列稀疏，总花梗较叶长，疏被柔毛；苞片条状披针形，长约2.0mm，先端尖，被柔毛，花梗长约1.0mm；花小，长6.0～8.0mm，淡蓝紫色；花萼钟状，长4.0～5.0mm，被平伏的白色柔毛，萼齿披针状钻形，长1.5～2.0mm；旗瓣宽倒卵形，长5.0～8.0mm，先端近截形，微凹或具细尖，翼瓣稍短于旗瓣，龙骨瓣稍短于翼瓣，喙长0.3～0.5mm。荚果长椭圆形，长10.0～17.0mm，宽3.0～5.0mm，下垂，膨胀，背部圆，腹缝线稍凹，喙长1.0～1.5mm，密被平伏的短柔毛。花期6—7月，果期7—8月。

分　　布：内蒙古、山西、陕西、甘肃、青海、新疆、西藏等地。

二、骆驼蓬科 Peganaceae

（五）骆驼蓬属 *Peganum*

5.多裂骆驼蓬 *Peganum multisectum* (Maxim.) Bobrov

形态特征：多年生草本。无毛。植株平卧，由基部多分枝。叶互生，二至三回深裂，裂片较窄，宽1.0～1.5mm；萼片3～5深裂。花单生，与叶对生；萼片稍长于花瓣，裂片条形，长1.5～2.0cm，有时仅顶端分裂；花瓣黄白色，倒卵状矩圆形，长1.5～2.0cm，宽6.0～9.0mm；雄蕊短于花瓣，花丝近基部增宽；子房3室，花柱3枚。蒴果近球形。种子三棱形，黑褐色，被小疣状突起。花期5—6月，果期7—9月。

分　　布：陕西北部、内蒙古西部、宁夏、甘肃、青海。

6.匍根骆驼蓬 *Peganum nigellastrum* **Bunge**

形态特征：多年生草本。高10.0～25.0cm，全株密生短硬毛，茎有棱，多分枝。叶二回或三回羽状全裂，裂片长约1.0cm。萼片稍长于花瓣，5～7裂，裂片条形；花瓣白色、黄色，倒披针形，长1.0～1.5cm；雄蕊15枚，花丝基部增宽；子房3室。蒴果近球形，黄褐色。种子纺锤形，黑褐色，有小疣状突起。花期5—7月，果期7—9月。

分　　布：河北、山西、陕西、宁夏、甘肃、新疆、内蒙古。

三、蒺藜科 Zygophynaceae

（六）蒺藜属 *Tribulus*

7.蒺藜 *Tribulus terrestris* L.

形态特征：一年生草本。茎由基部分枝，平铺于地面，深绿色到淡褐色，长可达约1.0m，全株被绢状柔毛。双数羽状复叶，长1.5～5.0cm；小叶5～7对，对生，矩圆形，长6.0～15.0mm，宽2.0～5.0mm，近圆形，上面深绿色，较平滑，下面色略淡，被毛较密。萼片卵状披针形，宿存；花瓣倒卵形，长约7.0mm；雄蕊10枚，子房卵形，有浅槽，突起面密被长毛，花柱单一，柱头5枚，下延。果由5个分果瓣组成，每个果瓣具长、短棘刺各1对，背面有短硬毛及瘤状突起。花果期5—9月。

分　　布：全国广泛分布。

四、大戟科 Euphorbiaceae

（七）大戟属 *Euphorbia*

8.乳浆大戟 *Euphorbia esula* L.

形态特征：多年生草本。高可达50.0cm。根细长，褐色。茎直立，单枝或分枝，光滑无毛，具纵沟。叶条形、条状披针形或倒披针状条形，长1.0～4.0cm，宽2.0～4.0mm，先端渐尖或稍钝，基部钝圆或渐狭，边缘全缘，两面无毛；无柄；有时具不孕枝，其上的叶较密而小。总花序顶生，具3～10个伞梗（有时由茎上部叶腋抽出单梗），基部有3～7轮生苞叶，苞叶条形、披针形、卵状披针形或卵状三角形，长1.0～3.0cm，宽（1.0）2.0～10.0mm，先端渐尖或钝，基部钝圆或微心形，少有基部两侧各具1枚小裂片（似叶耳）者，每伞梗顶端常具1～2次叉状分出的小伞梗，小伞梗基部具1对苞片，三角状宽卵形、肾状半圆形或半圆形，长0.5～1.0cm，宽0.8～1.5cm，杯状总苞长2.0～3.0mm，外面光滑无毛，先端4裂；腺体4个，与裂片相间排列，新月形，两端有短角，黄褐色或深褐色；子房卵圆形，3室，花柱3枚，先端2浅裂。蒴果扁圆球形，具3条沟，无毛，无瘤状突起。种子卵形，长约2.0mm。花期5—7月，果期7—8月。

分　　布：全国广泛分布（除海南、贵州、云南、西藏外）。

9.沙生大戟 *Euphorbia kozlovii* Prokh.

形态特征：多年生草本。高15.0～20.0cm。茎常多分枝，无毛，具纵沟。茎基部的叶鳞片形，膜质，向上逐渐变大，呈卵圆形或狭卵形，长0.5～1.5cm，宽0.3～1.0cm，不孕枝的叶常为条形或条状披针形，长1.0～1.5cm，宽2.0～4.0mm，先端钝，边缘全缘或具稀疏锯齿，基部圆形或渐狭，无毛；无柄。伞形花序顶生，基部的苞叶3～5轮生，卵圆形或矩圆状披针形，长1.5～2.5cm，宽0.6～1.0cm，其上抽出3～5个伞梗，先端各有2～3枚苞叶，卵圆形或卵形，长0.8～1.5cm，宽0.5～1.2cm，每伞梗顶端再抽出2～3个小伞梗，先端具1对小苞叶，卵形、矩圆状卵形或披针状矩圆形，长1.0～1.5cm，宽0.4～1.0cm，其上具1～3个杯状聚伞花序（有时仅中间是杯状聚伞花序，两侧形成不孕枝）；总苞钟形，直径约3.0mm，内部具毛，先端4～5浅裂，腺体4～5个，肾形或半圆形，长约1.5mm，黄色或黄褐色；花柱极短，柱头3裂，先端稍膨大。蒴果卵状矩圆形，平滑，无毛。种子平滑，种阜圆锥形。花期6—8月。

分　　布：内蒙古、陕西、山西、甘肃、宁夏、青海。

10.地锦 *Euphorbia humifusa* Willd.

形态特征：一年生草本。茎多分枝，纤细，平卧，长10.0～30.0cm，被柔毛或近光滑。单叶对生，矩圆形或倒卵状矩圆形，长0.5～1.5cm，宽3.0～8.0mm，先端钝圆，基部偏斜，一侧半圆形，一侧楔形，边缘具细齿，两面无毛或疏生毛，绿色，秋后常带紫红色；托叶小，锥形，羽状细裂；无柄或近无柄。杯状聚伞花序单生于叶腋，总苞倒圆锥形，长约1.0mm，裂片三角形，腺体4个，子房3室，具3条纵沟，花柱3枚，先端2裂。蒴果三棱状圆球形，直径约2.0mm，光滑。种子卵形，长约1.0mm，略具三棱，褐色，外被白色蜡粉。花期6—7月，果期8—9月。

分　　布：全国广泛分布（除海南外）。

五、瑞香科 Thymelaeaceae

（八）狼毒属 *Stellera*

11. 狼毒 *Stellera chamaejasme* L.

形态特征：多年生草本，高 20.0 ～ 50.0cm。根粗大，木质，外包棕褐色。茎丛生，直立，不分枝，光滑无毛。叶较密生，椭圆状披针形，长 1.0 ～ 3.0cm，宽 2.0 ～ 8.0mm，先端渐尖，基部钝圆或楔形，两面无毛。顶生头状花序；花萼筒细瘦，长 8.0 ～ 12.0mm，宽约 2.0mm，下部常为紫色，具明显纵纹，顶端 5 裂，裂片近卵圆形，长 2.0 ～ 3.0mm，具紫红色网纹；雄蕊 10 枚，2 轮，着生于萼喉部与萼筒中部，花丝极短；子房椭圆形，1 室，上部密被淡黄色细毛，花柱极短，近头状；子房基部一侧有长约 1.0mm 的矩圆形蜜腺。小坚果卵形，长 4.0mm，棕色，上半部被细毛，果皮膜质，为花萼管基部包藏。花期 6—7 月。

分　　布：黑龙江、吉林、辽宁、内蒙古、山东。

六、伞形科 Umbelliferae

（九）毒芹属 *Cicuta*

12.毒芹 *Cicuta virosa* L.

形态特征：多年生草本。高 50.0 ～ 140.0cm，具多数肉质须根；根茎绿色，节间极短，节的横隔排列紧密，内部形成许多扁形腔室。茎直立，上部分枝，圆筒形，节间中空，具纵细棱。基生叶与茎下部叶具长柄，叶柄圆筒形，中空，基部具叶鞘；叶片二至三回羽状全裂，轮廓为三角形或卵状三角形，长可达 20.0cm；一回羽片 4 ～ 5 对，远离，具柄，轮廓近卵形；二回羽片 1 ～ 2 对，远离，无柄或具短柄，轮廓宽卵形；最长裂片披针形至条形，长 2.0 ～ 6.0cm，宽 (2.0) 3.0 ～ 10.0mm。叶片先端锐尖，基部楔形或渐狭，边缘具不整齐的尖锯齿或呈缺刻状，两面沿中脉与边缘稍粗糙；茎中部叶与上部叶较小、简化，叶柄全部呈鞘状。复伞形花序直径 5.0 ～ 10.0cm，伞幅 8 ～ 20 个，具细纵棱，长 1.5 ～ 4.0cm；通常无总苞片；小伞形花序直径 1.0 ～ 1.5cm；具多数花；花梗长 2.0 ～ 3.0mm；小总苞片 8 ～ 12 枚，披针状条形至条形，比花梗短，先端尖，全缘；萼齿三角形；花瓣白色。果近球形，直径约 2.0mm。花期 7—8 月，果期 8—9 月。

分　　布：黑龙江、吉林、辽宁、内蒙古、河北、陕西、甘肃、四川、新疆等地。

七、萝藦科 Asclepiadaceae

（十）鹅绒藤属 *Cynanchum*

13.牛心朴子 *Cynanchum hancockianum* (Maxim.) Al. Iljinski

形态特征：多年生草本。高30.0～50.0cm。根须状，黄色。茎自基部密丛生，直立，不分枝或上部稍分枝，圆柱形，具纵细棱，基部常红紫色。叶革质，无毛，对生，狭尖椭圆形，长3.0～5.0（7.0）cm，宽4.0～14.0mm，先端锐尖或渐尖，全缘，基部楔形，主脉在下面明显隆起，侧脉不明显；具短柄。伞状聚伞花序腋生，着花10余朵；总花梗长4.0～8.0mm；花萼5深裂，裂片近卵形，长约1.0mm，先端锐尖，两面无毛；花冠黑紫色或红紫色，辐状，5深裂，裂片卵形，长2.0～3.0mm，宽1.5～1.8mm，先端钝或渐尖；副花冠黑紫色，肉质，5深裂，裂片椭圆形，背部龙骨状突起，与合蕊柱等长；花粉块每药室1个，椭圆形，长约0.2mm，下垂。蓇葖单生，纺锤状，长5.0～6.5cm，直径约1.0cm，向先端喙状渐尖。种子椭圆形或矩圆形，7.0～9.0mm，扁平，棕褐色；种缨白色，绢状，长1.0～2.0cm。花期6—7月，果期8—9月。

分　　布：四川、甘肃、陕西、河北、山西、内蒙古。

14.鹅绒藤 *Cynanchum chinense* R. Br.

形态特征：多年生草本。根圆柱形，长约20.0cm，直径5.0～8.0mm，灰黄色。茎缠绕，多分枝，稍具纵棱，被短柔毛。叶对生，薄纸质，宽三角状心形，长3.0～7.0cm，宽3.0～6.0cm，先端渐尖，全缘，基部心形，上面绿色，下面灰绿色，两面均被短柔毛；叶柄长2.0～5.0cm，被短柔毛。伞状二歧聚伞花序腋生，着花约20朵，总花梗长3.0～5.0cm；花萼5深裂。裂片披针形，长约1.5mm，先端锐尖，外面被短柔毛；花冠辐状，白色，裂片条状披针形，长4.0～5.0mm，宽约1.5mm，先端钝；副花冠杯状，膜质，外轮顶端5浅裂，裂片三角形，裂片间具5条稍弯曲的丝状体，内轮具5条较短的丝状体，外轮丝状体与花冠近等长；花粉块每药室1个，椭圆形，长约0.2mm，下垂；柱头近五角形，稍突起，顶端2裂。蓇葖通常1个发育，少双生，圆柱形，长8.0～12.0cm，直径5.0～7.0mm，平滑无毛。种子矩圆形，压扁，长约5.0mm，宽约2.0mm，黄棕色，顶端种缨长约3.0cm，白色绢状。花期6—7月，果期8—9月。

分　　布：辽宁、河北、河南、山东、山西、陕西、宁夏、甘肃、内蒙古、江苏、浙江等地。

八、旋花科 Convolvulaceae

（十一）菟丝子属 *Cuscuta*

15.菟丝子 *Cuscuta chinensis* Lam.

形态特征：一年生寄生草本。茎缠绕，黄色，纤细，直径约1mm，无叶。花序侧生，少花或多花簇生呈小伞形或小团伞花序，近于无总花序梗；苞片及小苞片小，鳞片状；花梗稍粗壮，长仅1.0mm许；花萼杯状，中部以下连合，裂片三角状，长约1.5mm，顶端钝；花冠白色，壶形，长约3.0mm，裂片三角状卵形，顶端锐尖或钝，向外反折，宿存；雄蕊着生在花冠裂片弯缺微下处；鳞片长圆形，边缘长流苏状；子房近球形，花柱2枚，等长或不等长，柱头球形。蒴果球形，直径约3.0mm，几乎全为宿存的花冠所包围，成熟时整齐地周裂。种子2～49颗，淡褐色，卵形，长约1.0mm，表面粗糙。

分　　布：黑龙江、吉林、辽宁、河北、山西、陕西、宁夏、甘肃、内蒙古、新疆、山东、江苏、安徽、河南、浙江、福建、四川、云南等地。

九、茄科 Solanaceae

（十二）天仙子属 *Hyoscyamus*

16.天仙子 *Hyoscyamus niger* L.

形态特征：柔毛，有臭气。叶在茎基部丛生，呈莲座状，茎生叶互生，长
3.0 ~ 14.0cm，宽1.0 ~ 7.0cm，先端渐尖，基部宽楔形，无柄而半抱茎。花在茎
中部单生于叶腋，在茎顶聚集成蝎尾式总状花序，偏于一侧；花萼筒状钟形，密
被细腺毛及长柔毛，长约1.5cm，先端5浅裂，裂片大小不等，先端锐尖，具小芒
尖，果时增大呈壶状，基部圆形，与果贴近；花冠钟状，土黄色，有紫色网纹，
先端5浅裂；子房近球形。蒴果卵球状，直径约1.2cm，中部稍上处盖裂，藏于宿
萼内。种子小，扁平，淡黄棕色，具小疣状突起。花期6—8月，果期8—10月。

分　　布：东北地区、华北地区、西北地区及西南地区，华东地区有栽培或
逸为野生。

（十三）茄属 *Solanum*

17. 黄花刺茄 *Solanum rostratum* Dunal

形态特征：一年生草本。高30.0～70.0cm。茎直立，基部稍木质化，自中下部多分枝，密被长短不等带黄色的刺，刺长0.5～0.8cm，并有带柄的星状毛。叶互生，叶柄长0.5～5.0cm，密被刺及星状毛；叶片卵形或椭圆形，长8.0～18.0cm，宽4.0～9.0cm，不规则羽状深裂，部分裂片又羽状半裂，裂片椭圆形或近圆形；先端钝，表面疏被5～7根分叉星状毛，背面密被5～9根分叉星状毛，两面脉上疏具刺，刺长3.0～5.0mm。蝎尾状聚伞花序腋外生，3～10朵花。花期花轴伸长变成总状花序，长3.0～6.0cm，果期总状花序长达16.0cm；花横向，萼筒钟状，长7.0～8.0mm，宽3.0～4.0mm，密被刺及星状毛，萼片5枚，线状披针形，长约3.0mm，密被星状毛；花冠黄色，辐状，直径2.0～3.5cm，5裂，瓣间膜伸展，花瓣外面密被星状毛；雄蕊5枚，花药黄色，异形，下面1枚最长，长9.0～10.0mm，后期常带紫色，内弯曲呈弓形，其余4枚长6.0～7.0mm。浆果球形，直径1.0～1.2cm，完全被增大的带刺及星状毛的硬萼包被，萼裂片直立靠拢呈鸟喙状，果皮薄，与萼合生，萼自顶端开裂后种子散出。种子多数，黑色，直径2.5～3.0mm，具网状凹。花果期6—9月。

分　布：吉林、辽宁、河北、新疆、内蒙古。

十、禾本科 Grameae

（十四）大麦属 *Hordeum*

18.芒颖大麦草 *Hordeum jubatum* L.

形态特征：秆丛生，直立或基部稍倾斜，高30.0 ～ 45.0cm，直径约2.0mm，叶鞘下部者长于节间，中部以上者短于节间，叶片扁平，粗糙，长6.0 ～ 12.0cm，穗状花序柔软弯曲，绿色或稍带紫色，成熟时偏黄，长约10.0cm，穗轴成熟时逐节断落，棱边具短硬纤毛。花果期5—8月。

分　　布：黑龙江、吉林、辽宁、内蒙古、甘肃、山东，以及北方农牧交错区等。

（十五）蒺藜草属 *Cenchrus*

19. 长刺蒺藜草 *Cenchrus longispinus* (Hack.) Fernald

形态特征：一年生草本植物。须根系，茎圆柱形，中空，半匍匐状，高可达 100.0cm，分蘖力极强，节上生不定根。叶片狭长，条状互生，叶鞘具脊，叶舌短，具纤毛。穗状花序顶生，穗轴粗糙，小穗簇生，其外围是由不孕小穗相合而成的刺苞，每个刺苞含种子；刺苞呈球形，淡黄色到深黄色或紫色；小穗卵形，第一颖较小，第二颖长为小穗的3/4，具3～5脉；外稃质硬，前面平坦，先端尖，花药长1.0～2.0mm；雌蕊具长柱头，颖果球形，黄褐色或黑褐色，顶端具残存的花柱。

分　　布：属我国严重外来入侵种，入侵等级为2级，收录于《中华人民共和国进境植物检疫性有害生物名录》。原产于北美洲。

PART 4 | 第四部分

草原病害

一、丝孢目 Hyphomycetales

（一）平脐蠕孢属 *Bipolaris*

1.野牛草平脐蠕孢 *Bipolaris buchloes* (Lefebvre A. G. Johnson) Shoemaker

病害症状：引起狗尾草叶斑病，病斑多狭长梭形或长椭圆形，有时随环境和生育期的变化表现为不规则形状，中央浅灰色至近白色，边缘颜色逐渐变深，多为褐色，初发生时密布叶片表面，茎部少有。

分　　布：全国广泛分布。

二、瘤座孢目 Tuberculariales

（二）镰孢属 *Fusarium*

2.茄腐镰孢 *Fusarium solani* (Mart.) Sacc.

病害症状：引起苜蓿根腐病，发病初期根毛和胚根上出现黄褐色小病点，病点扩大后呈黄褐色水渍状、边缘不明显的圆形、长圆形病斑，并逐步向根尖和茎基部扩展，导致苜蓿根部腐烂；幼苗感病后，引起烂苗和猝倒；成株发病后，皮层组织至木质部变为黄色至褐色，根颈和根中部变空，侧根大量腐烂直至植株死亡。

分　　布：全国广泛分布。

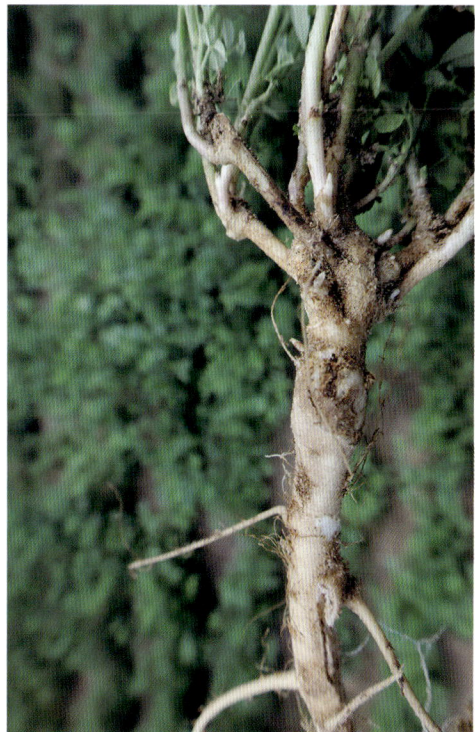

3.不规则镰刀菌 *Fusarium irregulare* M. M. Wang, Qian Chen & L. Cai

病害症状：引起香青兰根腐病，从小苗到成株的结果蔓均可发生。被害株常常从结节处开始感染，先为水渍状、暗绿色斑，后期病斑失水扩展为不规则形，维管束变褐色，患病茎节上的气生根腐烂，叶片发黄，在潮湿条件下，病部产生大量粉红色孢子团。

分　　布：黑龙江、吉林、辽宁、内蒙古、河北、山西、河南、陕西、甘肃、青海。

三、球壳孢目 Sphaeropsidales

（三）壳二胞属 *Ascochyta*

4.青箱壳二胞 *Ascochyta celosiae* (Thümen) Petrak

病害症状：引起藜叶斑病，叶片上出现灰绿色的小斑点，初期为水浸状，随后逐渐扩大。

分　　布：黑龙江、吉林、辽宁、内蒙古、河北、山东、浙江、河南、山西、陕西、宁夏、甘肃、青海、新疆。

参考文献
REFERENCES

白金铠,2003.中国真菌志:第15卷 球壳孢目 茎点霉属 叶点霉属[M].北京:科学出版社.

彩万志,庞雄飞,花保祯,等,2001.普通昆虫学[M].北京:中国农业大学出版社.

陈婧,郭子雯,潘春清,等,2022.苜蓿病虫草害研究现状[J].草学(1):1-14.

陈世骧,1986.中国动物志 昆虫纲:第2卷 鞘翅目 铁甲科[M].北京:科学出版社.

陈一心,1999.中国动物志 昆虫纲:第16卷 鳞翅目 夜蛾科[M].北京:科学出版社.

邓晖,张天宇,2002.中国平脐蠕孢属的分类研究 Ⅰ [J].菌物系统,21(3):327-333.

李鸿昌,夏凯龄,2006.中国动物志 昆虫纲:第43卷 直翅目 蝗总科 斑腿蝗科[M].北京:科学
    出版社.

梁铬球,郑哲民,1998.中国动物志 昆虫纲:第12卷 直翅目 蚱总科[M].北京:科学出版社.

刘广瑞,章有为,王瑞,1997.中国北方常见金龟子彩色图鉴[M].北京:中国林业出版社.

刘国卿,卜文俊,2009.河北动物志 半翅目 异翅亚目[M].北京:中国农业科学技术出版社.

马耀,李鸿昌,康乐,1991.内蒙古草地昆虫[M].杨陵:天则出版社.

内蒙古植物志编纂委员会,1998.内蒙古植物志[M].2版.呼和浩特:内蒙古人民出版社.

能乃扎布,刘强,闫大平,等,1988.内蒙古昆虫志:第1卷 第1册 半翅目 异翅亚目[M].呼和浩
    特:内蒙古人民出版社.

能乃扎布,齐宝瑛,1999.内蒙古昆虫名录[M].呼和浩特:内蒙古人民出版社.

农业部畜牧业司,全国畜牧总站,2010.草原植保实用技术手册[M].北京:中国农业出版社.

任国栋,于有志,1999.中国荒漠半荒漠的拟步甲科昆虫[M].保定:河北大学出版社.

谭娟杰,王书永,周红章,2005.中国动物志 昆虫纲:第40卷 鞘翅目 肖叶甲科 肖叶甲亚科[M].
    北京:科学出版社.

谭娟杰,虞佩玉,李鸿兴,等,1980.中国经济昆虫志:第18册 鞘翅目 叶甲总科(一)[M].北京:
    科学出版社.

王蒙蒙,陈倩,蔡磊,2018.我国镰刀菌物种资源多样性与分类学研究[C]//中国菌物学会.中国菌
    物学会2018年学术年会论文汇编.北京:真菌学国家重点实验室:397.

魏鸿钧,张治良,王荫长,1989.中国地下害虫[M].上海:上海科学技术出版社.

乌云其其格,樊金富,2024.鄂尔多斯植物分类彩色图鉴:Ⅰ [M].呼和浩特:内蒙古大学出
    版社.

武春生,2001.中国动物志 昆虫纲:第25卷 鳞翅目 凤蝶科[M].北京:科学出版社.

武春生,2010.中国动物志 昆虫纲:第52卷 鳞翅目 粉蝶科[M].北京:科学出版社.

夏凯龄,陈永林,1994.中国动物志 昆虫纲:第4卷 直翅目 蝗总科 癞蝗科 瘤锥蝗科 锥头蝗科[M].北京:科学出版社.

萧采瑜,1977.中国蝽类昆虫鉴定手册 半翅目 异翅亚目:第1册[M].北京:科学出版社.

萧刚柔,1992.中国森林昆虫[M].2版.北京:中国林业出版社.

旭日干,2016.内蒙古动物志:第5卷 哺乳纲 啮齿目 兔形目[M].呼和浩特:内蒙古大学出版社.

杨定,张泽华,张晓,2013.中国草原害虫图鉴[M].北京:中国农业科学技术出版社.

印象初,夏凯龄,2003.中国动物志 昆虫纲:第32卷 直翅目 蝗总科 槌角蝗科及剑角蝗科[M].北京:科学出版社.

虞佩玉,王书永,杨星科,1996.中国经济昆虫志:第54册 鞘翅目 叶甲总科(二)[M].北京:科学出版社.

赵养昌,陈元清,1980.中国经济昆虫志:第20册 鞘翅目 象虫科[M].北京:科学出版社.

郑哲民,万力生,1992.宁夏蝗虫[M].西安:陕西师范大学出版社.

郑哲民,夏凯龄,1998.中国动物志 昆虫纲:第10卷 直翅目 蝗总科 斑翅蝗科 网翅蝗科[M].北京:科学出版社.

Wang M M, Chen Q, Diao Y Z, et al., 2019. Fusarium incarnatum-equiseti complex from China[J]. Persoonia, 43 (1): 70-89.

图书在版编目（CIP）数据

鄂尔多斯草原有害生物及昆虫图鉴 / 苏秦，樊金富，折维俊主编. -- 北京 ：中国农业出版社，2024.12.

ISBN 978-7-109-32526-5

Ⅰ.Q95-64；S451.23-64

中国国家版本馆CIP数据核字第20240DW663号

中国农业出版社出版

地址：北京市朝阳区麦子店街18号楼

邮编：100125

责任编辑：刁乾超　　文字编辑：孙蕴琪

版式设计：王　怡　　责任校对：吴丽婷　　责任印制：王　宏

印刷：北京中科印刷有限公司

版次：2024年12月第1版

印次：2024年12月北京第1次印刷

发行：新华书店北京发行所

开本：787mm×1092mm　1/16

印张：19.75

字数：232千字

定价：198.00元